成形回路部品
Molded Interconnects Device

監修／中川威雄，湯本哲男，川崎　徹

シーエムシー出版

普及版の刊行にあたって

　MID（Molded Interconnects Device（成形回路部品））は三次元成形品上に配線パターンを設けたものであって，あえて言うなら射出成形品に限定されたものではない。
　MID化を図ることで，これまで不可能だった電気部品と機構部品との融合化を実現した。これにより部品点数が削減できるばかりか配線パターンの三次元化が図れることで最適設計が可能となり，機器の小型化，組み立ての自動化を可能にした。また，部品のアッセンブリーコストも30％〜40％低減できることになった。こうした特徴から，その用途は電子機器，自動車部品をはじめとする電子デバイスとして，さらにバイオテクノロジー分野などへの利用と広範なものになっていくと予想されている。
　そもそもMIDはどのような背景のもとに考え出されたのであろうか？　この本の監修にあたられた中川先生の言葉を借りれば次のような経緯となっている。
　『最近の技術発展の多くが，半導体とそれを使った応用に基づいていることは誰しもが認めるところである。この半導体自体はエネルギー源ではなく，したがって何らかの動的機能をわれわれに直接与えるわけではないので，必ず電気的な回路配線を行って周辺デバイスとの結合が必要となる。半導体素子以外にも電子デバイスが数多く使われており，このような各種デバイスが高密度化することは同時に配線回路もそれに応じて高密度化することを意味している。これら配線の高密度化に対して，平面的な配線間隔を狭くする高密度配線により対処していたが，それでも不十分な場合には多層化などによる立体配線によって解決が図られてきた。
　また，動力用の電力配線については，電気容量も大きいこともあり明らかにその高密度化は遅れている。制御用の信号伝達の配線に比べれば，高密度の要求はそれほど大きくないが，それでも自動車用などでは，多くの動作がモーターを使って電動化され，ワイヤーハーネスの電線本数が増えていると同時に，重量も増しその配線作業も複雑化している。
　このような配線の高密度化と多層立体配線は，半導体素子からプリント配線さらにワイヤーハーネスに至るまで広範囲の回路形成分野で行われている。このような流れの中にプラスチック成形体に直接立体配線を行うMID法が誕生し，その活用が拡大している。』
　1997年8月に発行された『MID（射出成形回路部品）』は未来を見据えた内容が盛り込まれており，本普及版ではその内容が改定されているわけではないが，その多くは現在でも通用する内容となっている。この普及版発行により，各メーカー研究者の方々にとってMIDに対する理解を深めることができれば甚だ幸いである。

2005年4月

　　　　　　　　　　　　　　　　　　　　　　　　　　　　　　　日本MID協会
　　　　　　　　　　　　　　　　　　　　　　　　　　　　　　　湯本　哲男

執筆者一覧（執筆順）

中川 威雄		東京大学　生産技術研究所　教授
	（現）	ファインテック㈱　代表取締役
塚田 憲一		シプレイファーイースト
	（現）	ティ・オー・テック　社長
湯本 哲男		三共化成㈱　技術部　部長
二宮 隆二		三井金属鉱業㈱　総合研究所
野口 裕之		東京大学　生産技術研究所
	（現）	日本工業大学　先端材料技術研究センター　助教授
関　高宏		菱電化成㈱　ファインデバイス製造部
森川 哲也		菱電化成㈱　ファインデバイス製造部
樋口　努		新光電気工業㈱　開発統括部
萩原 健治		日本航空電子工業㈱　コネクタ開発本部
馬場 文明		三菱電機㈱　先端技術総合研究所
今西 康人		三菱電機㈱　通信システム統括事業部
新矢　敏		三菱電機㈱　通信システム統括事業部
山路 俊一		松下産業機器㈱　溶接システム事業部
川崎　徹		㈲カワサキテクノリサーチ　代表取締役社長
シーエムシー編集部		

（執筆者の所属は，注記以外は1997年当時のものです。）

目 次

【第1編　MIDの開発と周辺技術】

第1章　総論　　中川威雄

1. はじめに …………………………… 3
2. MID（回路付き射出成形品）とは …………………………… 3
3. 各種MID法 …………………………… 6
   - 3.1　2回成形PCK法 …………… 7
   - 3.2　2回成形SKW法 …………… 7
   - 3.3　1回成形メッキ法 …………… 8
   - 3.4　ホットエンボス法 …………… 9
   - 3.5　プリント回路箔のインサート成形 …………… 9
   - 3.6　導電性樹脂による2回成形法 … 9
4. MIDの将来 …………………………… 10

第2章　欧州でのMID製品の応用　　塚田憲一

1. はじめに …………………………… 11
2. シーメンスとフーバー社とシプレイの関係 …………………………… 11
3. 欧州におけるMIDプラスチック材料 …………………………… 12
4. フーバー社におけるめっきシステム …………………………… 13
5. FUBAにおける回路形成システム …………………………… 14
   - 5.1　スズをレジストとするレーザー法の応用例 …………… 14
   - 5.2　自動車のシートベルトスイッチハウジング …………… 18
   - 5.3　トランシーバーハウジング … 19
6. シーメンス－FUBA・HANS社の特徴 …………………………… 19
7. ヨーロッパでは，2色成形・ホットスタンプ …………………………… 19

第3章　2ショット法によるMID　　湯本哲男

1. はじめに …………………………… 20
2. 2ショットプロセス …………………………… 20
   - 2.1　SKW法 …………… 20
   - 2.2　PCK法 …………… 21
   - 2.3　プロセスの相違点 …………… 21
   - 2.4　構造上の相違点 …………… 22
3. 2ショット法によるMIDの利点と問題点 …………………………… 23
   - 3.1　利点 …………… 23
   - 3.2　問題点 …………… 24

3.3	その他	25	5.2 エッチング液の種類	27
4	成形材料に対する要求特性	25	6 用途	28
4.1	1次側成形材料	25	6.1 実用化された2ショットMID	28
4.2	2次側成形材料	25	6.2 今後期待できる用途	29
4.3	代表的な使用材料	26	7 今後の開発動向	29
5	めっき	27		
5.1	めっきの種類	27		

第4章 鉛フリーはんだの最新動向　二宮隆二

1	はじめに	32	3.4 スズー亜鉛系	37
2	鉛フリーはんだに要求される特性	33	4 鉛フリーはんだ付けプロセス	38
3	各合金系の特徴	36	5 国内における学協会での取り組み	38
3.1	スズー銀系	36	6 海外の動向	39
3.2	スズービスマス系	37	7 今後の残された課題	40
3.3	スズーインジウム系	37		

第5章 導電性プラスチックによるMID　野口裕之

1	プリント配線の立体化	42	5 導電性	45
2	導電性プラスチック	42	6 射出成形性	47
3	射出成形による立体回路の形成	43	7 ハンダ分散型導電性プラスチックの将来	49
4	ハンダ分散型導電性プラスチック	44		

第6章 チップLED基板の開発　関　高宏，森川哲也

1	はじめに	51	5.2 セミアディティブ法	57
2	MIDの製造法	51	5.3 使用材料	60
3	チップLED基板	52	6 MIDのデザインルール	61
4	チップLED基板の必要性能	56	7 当社のMID体制	62
5	チップLED基板の製造法	57	8 今後の展開	62
5.1	サブトラクティブ法	57		

【第2編 ＭＩＤの応用展開】

第7章 光通信機器へのＭＩＤの応用　　樋口　努

1　諸言 …………………………………… 67
2　ＯＮＵモジュール機能と低コスト化へのアプローチ ………………………… 68
  2.1　ＯＮＵ用光送受信モジュールの基本機能 ……………………………… 69
  2.2　モジュール低コスト化へのアプローチ ………………………………… 69
3　機能から見たパッケージのコスト要因 ………………………………………… 70
  3.1　伝送路・構造設計 ……………………… 71
  3.2　放熱設計 ………………………………… 71
  3.3　光結合 …………………………………… 72
  3.4　気密性 …………………………………… 72
4　低コスト化パッケージモデル ………… 73
  4.1　中空構造 ………………………………… 74
  4.2　封止法 …………………………………… 74
  4.3　電気的接続 ……………………………… 75
5　アセンブリーからみた低コストパッケージの提案 ………………………… 75
  5.1　要素技術と諸特性 ……………………… 76
  5.2　パッケージへのアセンブリー自動化 ………………………………… 77
  5.3　モジュール本体の基板実装自動化 ………………………………… 77
6　ＭＩＤの応用と可能性 ………………… 78
7　おわりに ………………………………… 78

第8章 ＭＩＤを応用した高速伝送用コネクター　　湯本哲男，萩原健治

1　はじめに ………………………………… 80
2　コネクター構造 ………………………… 81
  2.1　レセプタクルコネクター ……………… 81
  2.2　プラグコネクター ……………………… 83
3　高周波特性評価 ………………………… 83
  3.1　特性インピーダンス分布 ……………… 83
  3.2　伝送波形，立ち上がり時間変化 ……………………………………… 87
  3.3　クロストーク特性 ……………………… 91
4　まとめ …………………………………… 94

第9章 携帯電話用ＭＩＤ内蔵アンテナと耐熱プラスチックシールドケースの開発　　馬場文明，今西康人，新矢　敏

1　はじめに ………………………………… 96
2　内蔵アンテナのＭＩＤ化 ……………… 97
3　耐熱プラスチックシールドケース … 100
  3.1　シールドケース用プラスチックの選定 ……………………………… 100
  3.2　シンジオタクチックポリスチレン ……………………………… 100

4　携帯電話への応用 ……………… 103
5　おわりに ……………………………… 104

第10章　非接触熱源によるＭＩＤのはんだ付け施工技術　　山路俊一

1　緒言 …………………………………… 106
  1.1　ＭＩＤの概要と動向 ……………… 106
  1.2　「ＭＩＤ」の目的と種類 ……… 106
  1.3　「ＭＩＤ」の課題－「接合」 … 107
  1.4　ＭＩＤ接合方法の選択 ………… 107
  1.5　ＭＩＤの接合方法・「はんだ付け」の課題 ……………………… 109
2　局部はんだ付け法・非接触熱源によるはんだ付け法 …………………… 110
  2.1　従来の局部はんだ付け法（はんだゴテ法）の問題点 ……………… 110
  2.2　非接触・局部加熱装置の概要 … 110
  2.3　光ビーム加熱装置の特徴 ……… 115
  2.4　光ビームによるはんだ付け施工方法 …………………………………… 120
3　ＭＩＤの「光ビーム」によるはんだ付け ……………………………………… 122
  3.1　クリームはんだによるＭＩＤのはんだ付け ……………………… 122
  3.2　糸はんだによるＭＩＤのはんだ付け ………………………………… 123
  3.3　内部モールド型ＭＩＤの「光ビーム」によるはんだ付け ……… 124
  3.4　ＭＩＤの「光ビーム」によるはんだ付け結果 …………………… 125
4　結論 …………………………………… 125

【第3編　ＭＩＤの市場と今後の展開】

第11章　世界的規模で拡大するＭＩＤ市場　　川崎　徹

1　はじめに ……………………………… 129
2　ＭＣＢ時代の世界的用途開発動向 … 129
  2.1　実績のある用途例 ……………… 130
  2.2　回路形成法の概要とＭＩＤメーカーの提携関係 ………………… 133
  2.3　代表的工法のプロセス ………… 135
3　ＭＩＤ時代の世界的用途開発動向 … 137
  3.1　米国の用途例 …………………… 137
  3.2　ヨーロッパの用途例 …………… 141
  3.3　欧米のその他の用途例 ………… 143
4　アプリケーションの変遷から読み取れるもの ……………………………… 147
5　市場規模推移と今後の見通し ……… 148

第12章　MIDの欧州での市場　　塚田憲一

1　はじめに ………………………… 152
2　PSGA …………………………… 152
3　PSGAの素材 …………………… 153
4　PSGAの製造工程 ……………… 155
5　PSGAの設計 …………………… 156
6　センシル・キャタリスト ……… 156

第13章　MIDの日本の市場と展望　　川崎　徹

1　実績のあるMID工法とその特徴
　　比較 …………………………… 159
　1.1　MID有力工法の特徴 ……… 159
　1.2　SKW法とPCK法 ………… 161
　1.3　2ショット法の特許 ……… 162
2　日本のMID用途開発動向 …… 164
　2.1　先行するMIDメーカーの
　　　事例要約 …………………… 165
2.2　1ショット法の用途例 ……… 169
2.3　2ショット法の用途例 ……… 172
2.4　その他（MID類似用途例）… 178
3　日本の市場動向 ………………… 179
　3.1　国内の伸び予想 …………… 179
　3.2　伸び予想の前提条件 ……… 180

【第4編　MIDの特許動向】

第14章　日本の特許動向　　シーエムシー編集部

1　素材，形成部品に関する特許 ……… 187
2　回路のパターニング及びプリント
　　回路基板に関する特許 …………… 190
3　プロセスに関する特許 ……………… 193
4　メッキに関連する特許 ……………… 203

第15章　世界の特許動向　　シーエムシー編集部

1　MIDの特許 ………………… 207
2　MIDの適用製品の機能・特徴
　　一覧 ………………………………… 226

第1編　MIDの開発と周辺技術

第1章　総　　論

中川威雄*

1　はじめに

　最近の技術発展の多くが，半導体とそれを使った応用に基づいていることは誰しも認めるところである。この半導体自体はエネルギー源ではなく，したがって何らかの動的機能をわれわれに直接与えるわけではないので，必ず電気的な回路配線を行って周辺デバイスとの結合が必要となる。半導体素子以外にも電子デバイスが数多く使われており，このような各種デバイスが高密度化することは同時に配線回路もそれに応じて高密度化することを意味している。これら配線の高密度化に対して，平面的な配線間隔を狭くする高密度配線により対処していたが，それでも不十分な場合には立体多層配線によって解決が図られてきた。

　また，動力用の電力配線については，電気容量も大きいこともあり明らかにその高密度化は遅れている。制御用の信号伝達の配線に比べれば，高密度の要求はそれほど大きくないが，それでも自動車用などでは，多くの動作がモーターを使って電動化され，ワイヤーハーネスの電線本数が増えていると同時に，重量も増しその配線作業も複雑化している。

　このような配線の高密度化と多層立体配線は，半導体素子からプリント配線さらにワイヤーハーネスに至るまで広範囲の回路形成分野で行われている。このような流れの中にプラスチック射出成形体に直接立体配線を行うMID法が誕生し，その活用が拡大している。

2　MID（回路付き射出成形品）とは

　MIDとは英名のMolded Interconnect Deviceの頭文字をとったもので，直訳すれば"配線回路付きプラスチック成形品"である。より正確に表現するとすれば，機械的機能と電気的機能をもった電気配線回路付きプラスチック射出成形品と言える。通常のプリント基板は電気的機能のみであり，プラスチック射出成形品は機械的機能をもっているので，MIDはその両者が合体したものである。実際には射出成形品の表面に立体的にプリント回路配線がなされたものと考えればわかりやすい。と言ってもプリント回路基板にとって代わるものでと考えられている。

＊　Takeo Nakagawa　東京大学　生産技術研究所　第二部　教授

表1 MIDの利点[1]

設　　計	生産合理化	環境問題
機械と電気機能の一体化小型化 新機能付与 複雑形状化	部品点数の削減 生産工程の削減 （特に組み立て） 材料使用量の削減 信頼性の向上	使用材料均一化 材料リサイクル 材料使用量の削減 廃棄物の無害化

　MIDの最大の特徴は，言うまでもなく電機部品と機構部品の一体化が図れることにある。表1にMIDの利点[1]をまとめたが，部品の点数を大幅に削減するとともに，三次元的な設計の最適化により部品の小型化が可能となる。したがってコスト面では部品組み立て工程コストの削減に大きく貢献する。実際にはこの他従来の配線作業と比較して信頼性が向上するとか，部品点数の削減で部品の管理が楽になるといった点も大きい。さらには，電子デバイスのパッケージや導電部を利用してシールドに活用することも行われている。図1はMIDの一例である。生産条件にもよるが40％コストダウンが図られているという[1]。

　図2は米国における応用例の変遷[2]であるが，プリント回路配線板の代替からスタートし，コネクター代替からワイヤー配線と発展している。また図3は日米欧の過去と将来のマーケット予測を示すもので，年率50％程度の高い伸びが期待されている。2000年には米国64億円，日本63億

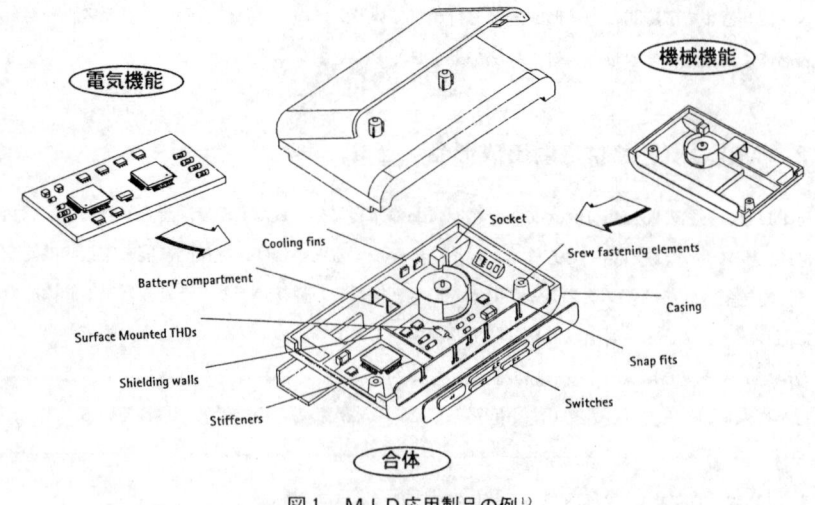

図1　MID応用製品の例[1]

円，EU46億円と合計173億円との予測もある。

　主な用途は自動車部品，通信機用部品と言われるが，コンピューター，家電，医療機器の部品にも使われている。実際には各国で用途に特徴があり，米国では自動車部品などの大物，欧州ではシールド部品，日本では小物や電子デバイスへの導入が進んでいると言われている[2,4]。このマーケット予測の出所であるMIDIA(Molded Interconnect Device International Association)

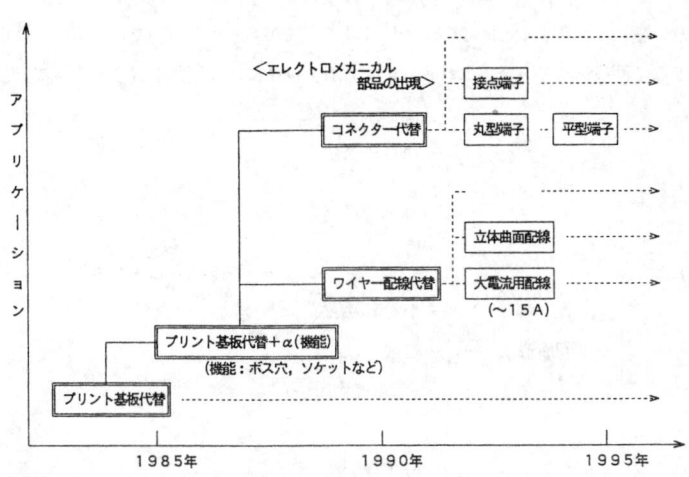

図2　米国でのMID応用の変遷[2]

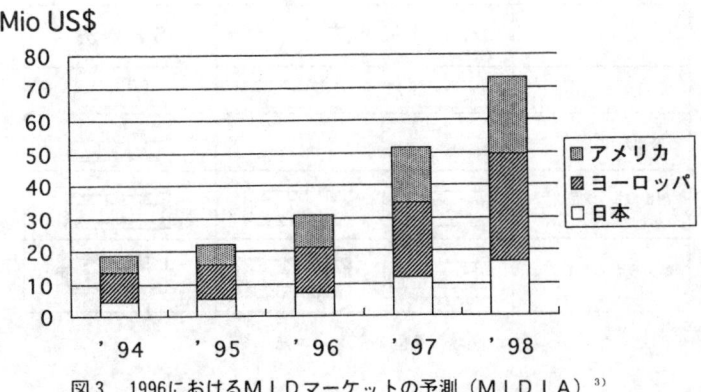

図3　1996におけるMIDマーケットの予測（MIDIA）[3]

と称する団体は，米国に存在するMIDのメーカー団体であり，日本からも数社（日立電線，三井石油化学工業，三共化成，大阪真空化学，三菱ガス化学工業，古河電工）が参加しており，主としてこの技術の普及活動を行っている。

3 各種MID法[1, 5, 6]

MIDにおいては，本体構造部は射出成形で作られるのであるが，回路形成法としては各種のものがあり，細かく分類すると図4のように6種の方法がある。この中で最も広く用いられているのは図5の2回成形法であり，これらはいずれもメッキによる回路形成法をとっている。

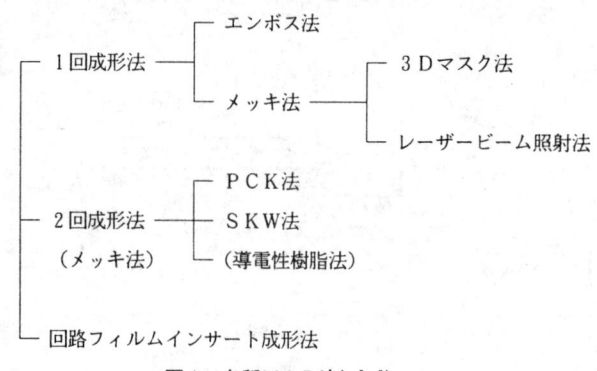

図4 各種MID法[1, 5, 6]

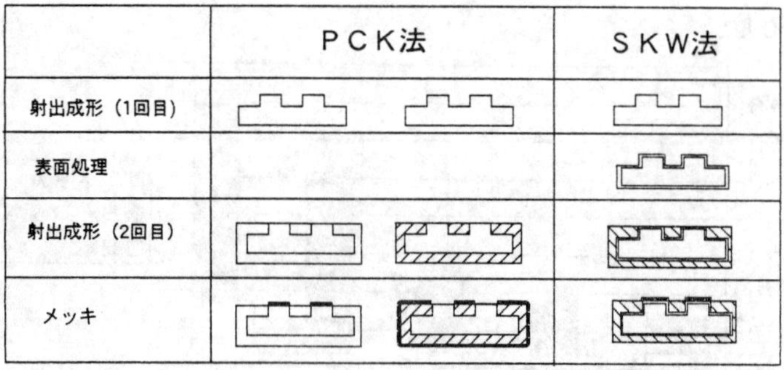

	PCK法	SKW法
射出成形（1回目）		
表面処理		
射出成形（2回目）		
メッキ		

図5 2回成形メッキ法[1, 5]

3.1 2回成形PCK法

いわゆる2色射出成形において，一方の材料をメッキの付きやすい特殊成分（触媒）の入った樹脂材料を使う方法である。実際にはメッキの前に化学処理をしてメッキの付きを良くする処理が行われる。配線側の材料の性質によっては，最初の成形の後，化学処理をして次の2回目の成形を行うこともある。この方法は米国で開発されたもので，わが国にも技術導入されている。

3.2 2回成形SKW法

1回目の成形体材料には特別な触媒を使わないものであるが，成形品全体を化学処理して，表面のメッキの付着性を出す。その後2回目の成形を行い，配線部を除いて樹脂で覆う。その後に1回目の樹脂材料の露出部をメッキする方法である。この方法は三共化成の湯本氏の開発によるとされている。

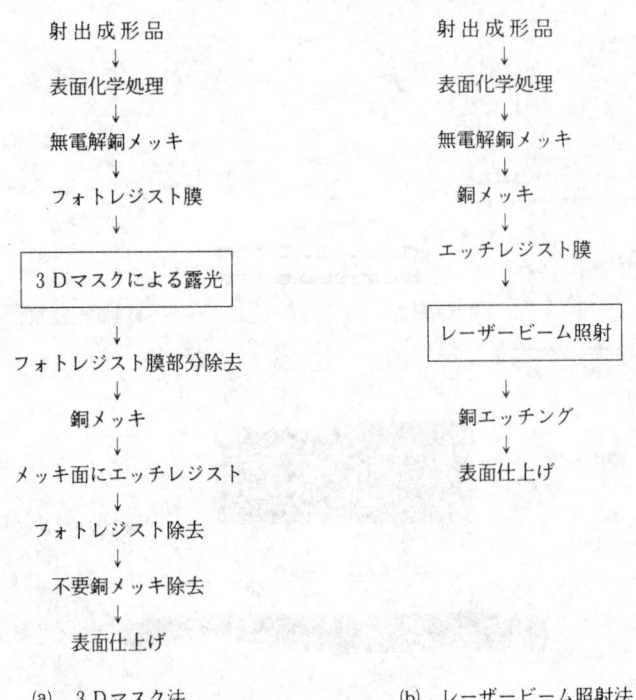

(a) 3Dマスク法　　　(b) レーザービーム照射法

図6　1回成形メッキ法[1]

3.3 1回成形メッキ法

　射出成形体に立体配線を行うのに，通常のプリント回路基板と同様の配線を図6(a)の工程で行うものである。射出成形表面をまず化学処理して，無電解銅メッキを行う。その上にレジスト膜を付けた後，配線部を露光してレジスト膜を除き，銅メッキ配線を行い，その上にエッチレジストを付ける。その後レジストと無電解メッキ層を除去して配線は完成する。配線部の露光に際しては，3Dマスクを用いて3次元的に行い立体配線を行うものである。

　さらに類似の方法でレーザー光を用いて，レジストを除去する方法もある。つまり図6(b)に工程を示すように射出成形面に化学処理，無電解銅メッキ，銅メッキ，レジスト塗布の後，レーザー光照射により配線不要部のレジストを除去する。その後エッチングして銅メッキを除去すれば配線が完成する。

　これらの方法は2回成形法に比較して，光のマスクが使える面やレーザー光が入射できる面に限定されるため，射出成形品の回路形成部品の形状にも制約がある。

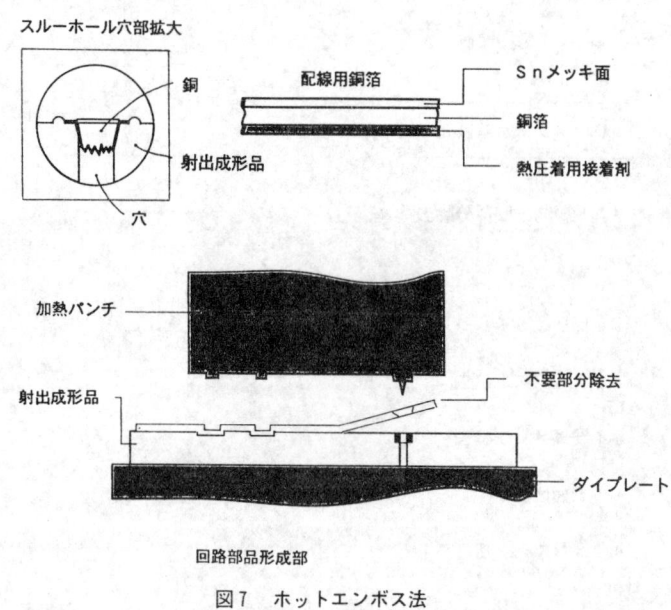

図7　ホットエンボス法

3.4 ホットエンボス法

図7のように銅箔表面に接着剤が付けられたものを射出成形面に置き，加熱したパンチを押し付け熱圧着させるものである。このパンチは必要とする配線部が凸形状をしており，その部分のみエンボス成形され，射出成形された樹脂と接着し同時に銅箔も切断され，後で不要部ははがされる。また，成形体に小径の孔を備えこの中に銅箔を押し込むパンチを準備すれば，穴の側壁の一部も銅箔がはり付くこととなる。この方法は射出成形品の側壁部などへの配線は容易ではないので，形状的な制約は大きい。

3.5 プリント回路箔のインサート成形

金属薄板の打ち抜き品を配線材としてインサート成形する方法は以前より存在する。ここで述べるインサート成形は薄い樹脂フィルム面にあらかじめプリント回路配線されたものを，射出成形時にインサート部として使用するものである。インサートするフィルムの構造を変えれば，シールド等も同時に兼ねることができる。

写真1　高導電性樹脂の2回射出成形による立体配線[7]

3.6 導電性樹脂による2回成形法[7]

最近，野口らにより高導電率でかつ射出成形性も良好な導電材料が開発された[7]。この材料は熱可塑性樹脂とハンダを混合したものであるが，$10^{-5}\Omega\cdot cm$オーダーの高導電率が実現している。この材料はハンダ付けや金属インサートとの結合も可能であることがわかっている。そのため2回成形法によってメッキ工程なしで立体配線が可能となる。写真1のような配線が実現しており，電力伝達用の電線の代替えも可能である。さらに導電性を少し落としたもので銅メッキの母地材

として使用することも考えられる。実用例はまだ現れていないが，プラスチック成形体の立体配線としての応用が期待されている新材料である。微細な回路の配線ではメッキ法に劣るであろうが，メッキ法に比べて工程が簡単であることや，ワイヤーハーネスに代わりうることから今後の発展が期待される。

4　MIDの将来

電気回路の製造技術は半導体素子からワイヤーハーネスに至るまでいわば電気・電子機器を支える重要な技術である。それゆえこの分野はプリント回路産業を中心として，このところ急成長を遂げてきた。同時に，これらの産業における回路技術は，日進月歩とも言えめまぐるしく変化し発展が続いている。

MIDはこれまでのプリント基板を使った回路を，射出成形品上に形成しようというものである。それぞれの方法は概説したように，かなり面倒な作業が加わるものの，基本的にはプリント回路板の製作工程の延長線上にある。MIDの誕生は，多くの電子機器の小型化を追求していく過程の当然の帰結であるし，それゆえ今後の発展確実な新しい方向でもある。また最近問題となることの多い電磁波シールドの問題を解決する一つの方法も与えてくれている。いずれにしてもこれからの新しい技術であり，プリント回路基板と同じくまさに電気・機械・材料の境界領域の技術である[8]。MID技術の応用面の将来の広がりをみれば，今後は電機部品設計者のみならず，射出成形品の技術者や研究者にとっても見過ごすことのできない分野であろう。

文　　　献

1) 3-D MID e V. カタログ
2) MIDIA日本支部：MIDの開発動向と将来展望パネルディスカッション予稿集，p.1-5, 1996.12
3) Feldmann：Proc. of International Conf. of MID, Germany, p.1-6, 1996.9
4) 日経メカニカル：MIDで電子機器を小型化，No.486, p.36-45, 1996.8.5
5) MIDIAカタログ
6) Mitsui-Pathtek社カタログ
7) 野口，中川：射出成形による立体回路形成のための高導電性プラスチックの開発，生産研究，48巻，4号，p.48-51, 1996.4
8) 川崎：MID, MCBの実用化動向とその背景，型技術，7巻，8号，p.150-152, 1992.7

第2章　欧州でのMID製品の応用

塚田憲一*

1　はじめに

　欧州におけるMIDの取り組みは，ドイツを中心とした大陸が主体である。そのあり方たは日本とかなり異なる。個々の企業が独自に動き，ややもすれば閉鎖的なイメージのある日本と異なり，MIDが産学共同で進められている。MIDA(Molded Interconnect Devices Association)がヨーロッパ内で機能している。
　6つの大学，プラスチック素材メーカー，三次元ロボットメーカー，最終ユーザー，そしてシプレイ・ヨーロッパのような，イメージングの薬品・プラスチック・プリント基板の薬品メーカーが積極的にこの動きに参加している。そのあり方は，今後の日本のMIDの進め方，あり方を示唆しているように思える。
　このような取り組みがなされているのは，二つの背景がある。その一つはリサイクルである。現在「国家的事業」として取り組まれているが，その基本は「解体」と「再生」である。
　部品数を減らし，「解体」を容易にするMIDはこのリサイクルにとって有効な手法である。
　また，熱可塑性の素材（プラスチック）を主体としたMIDは，熱硬化性プラスチックを主体とするプリント基板より，リサイクルは容易である。
　もう一つの理由は，アッセンブリー工数の削減である。この内容は「空洞化」防止である。ヨーロッパの産業は，より人件費の安いアジア地区に流れてきている。MIDは最もコスト差がつくアッセンブリーコストを減らす手法でもある。
　ここでは，ヨーロッパで最も進んだ，シーメンス−フーバー社のいくつかの取り組みとシプレイのめっきプロセスについて紹介したい。

2　シーメンスとフーバー社とシプレイの関係

　シーメンスは，製品設計・金型・成形を担当し標準化等を進めている。量産のめっきは，フーバー社で，シプレイ・ヨーロッパがめっきプロセスでフーバー社とシーメンスをフォローしてい

　＊　Norikazu Tsukada　シプレイ・ファーイースト

る。フーバー社は，今年1ラインが完成し，4ラインのめっきラインが完成している。1つの工場がMIDの工場になっている。

また，両社とも情報は公開しており，工程，工法で日本の会社と連携を深めたい意思をシプレイ・ヨーロッパ→シプレイ・ファーイーストを通じて表明している。

自社の特許を含めた技術を積極的に公開することでMIDを発展させ，市場を広げることができると考えている。

ここでは，シーメンスが製品化した自動車部品，電気，電子部品に応用された3つの例と，それを可能にした，シプレイのイメージングとプラスチック機能めっきプロセスについて，紹介したい。

3 欧州におけるMIDプラスチック材料

日本におけるMID材料は液晶ポリマーが主体である。シーメンスにおいてはポリエーテルイミド（ウルテム（GEプラスチックス））が主体である。さらにコストの安いPBT等の量産を始めている。シーメンスは出光石化が開発したSPS（シンジオタクチックポリスチレン）にも注目しており，その情報提供を求めている。

表1　ヨーロッパにおけるMID関係会社

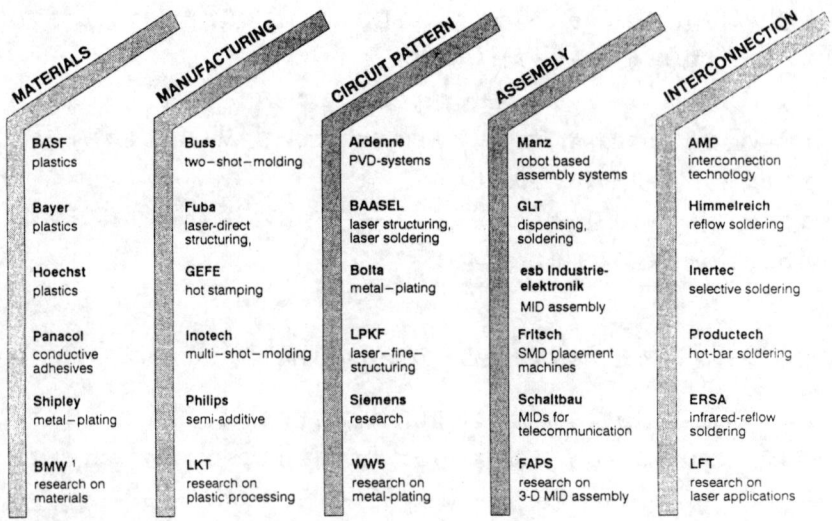

小型の電子部品が主体の日本と，自動車用途まで広げたヨーロッパとの違いが使用材料についてもあり，より多様な材料がMIDに使用されている。

4 フーバー社におけるめっきシステム

フーバー社におけるプラスチックめっきラインは，クロム酸を使用しないシプレイの「アティポジット4,5」システムで，液晶ポリマーとポリマーが同時に流せる。環境規制のより厳しいヨーロッパでは，ABSの装飾めっきでは一般的な6価クロムのエッチングは使用しない。またPBTを量産しているラインも非クロム酸エッチングである。FUBA-HANS-KOLBEL社はプリント基板のめっきメーカーで，もともと6価クロムの量産設備，排水処理設備がない。

MIDの主要製造技術であるプラスチックのめっきがプラスチックの装飾めっき業者を主体とするのか，それともプリント基板等のプラスチックめっき以外の業者が製造するのか二つの方向がある。

プリント基板の業者が不足しているプラスチック材料・成形の部分は，シーメンスとシプレイがフォローし，回路形成のめっきをしているFUBAの経験と製造技術を生かした。

ラインはすべて自動で，大量生産に対応できる。このことが低コストの部品を保証している。

写真1　コントロール・ハウジング

表2 ポリエーテルイミド（ウルテム）物性

ウルテムMIDグレードとFR4の性能比較　　Z軸方向の熱膨張率比較

			ULTEM 2312	FR4
ガラス転移温度			215℃	125℃
連続使用温度			170℃	130℃
線膨張係数		X	23	15
$\times 10^{-4}$mm/mm/℃		Y	27	15
		Z	32	60-300
耐炎性	UL94		V-0	V-0
誘電率	(1MHz)		3.7	4.6
誘電正接	(1MHz)		0.002	0.02
表面抵抗	Ω		10^{16}	10^{14}
曲げ弾性率	kg/cm²		56000	190000
比重			1.51	1.85

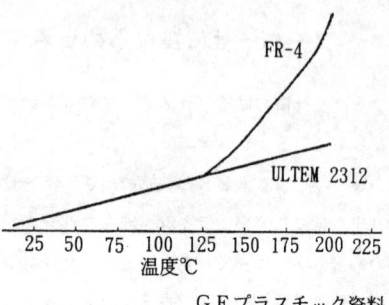

GEプラスチック資料

5　FUBAにおける回路形成システム

FUBA社の回路形成はレーザーによる回路形成が主体である。直接レーザーで回路を形成する方法とレジストを併用する方法がある。

5.1　スズをレジストとするレーザー法の応用例

プロパブル・コントローラー・ハウジングの応用。このMIDケースを写真2に示す。

この部品の製造工程は次のとおりである。

① ポリエーテルイミド（ウルテム2312）
　射出成形

② めっき前処理　化学銅1ミクロン

③ 電気銅　35ミクロンめっき

④ レジストとして無電解スズめっき　1ミクロン以下

⑤ 自動によるレーザー照射　無電解スズ除去

⑥ スズをエッチングレジストとして銅をエッチング除去

⑦ 防錆の目的でニッケルめっき

このMID応用例は，12部品を1部品に減らし，1つの成形品に次の機能を加えさせた。

① EMIシールドめっきの機能

② ヒートシンクとしての機能

③ コネクター機能

この成形品は25％のコストダウンを実現し，リサイクルも可能である。

写真2.1　フーバー社めっきライン

写真2.2　自動レーザー照射装置

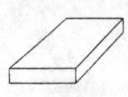 

1　成形

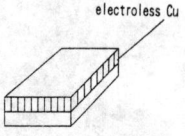 

2　めっき　前処理　化学銅

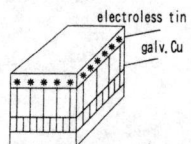 

3　電気銅　無電解スズ

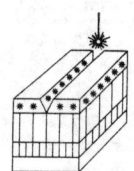 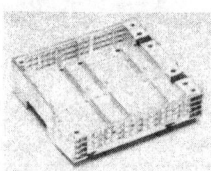

4　レーザー照射

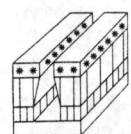

5　エッチング　無電解ニッケル　スズ剥離

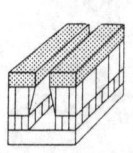 

写真3

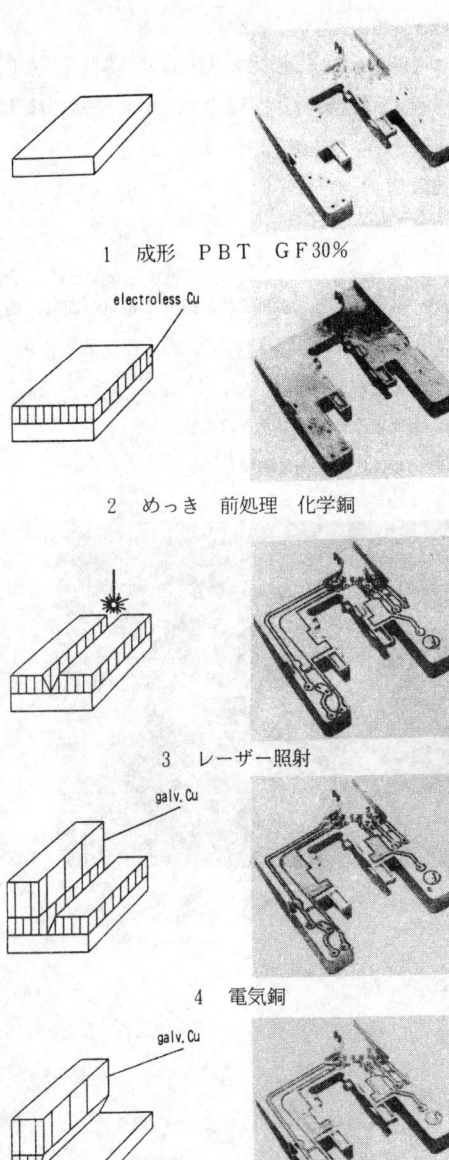

1 成形 PBT GF30%

2 めっき 前処理 化学銅

3 レーザー照射

4 電気銅

5 電気金 めっき

写真4

5.2 自動車のシートベルトスイッチハウジング

　この応用例はベンツ車に応用されているもので，材料はガラス強化したＰＢＴでポリエーテルイミドよりコストダウンを図り，化学銅の上から直接レーザーを照射する工法で，応用面での制約はあるが前者よりコストダウンのできる工法である。

① 　ガラス30％ＰＢＴ射出成形
② 　めっき前処理化学銅
③ 　レーザー照射
④ 　電気銅めっき（ここでレーザーで切られ囲まれた部分に電気が流れ，他の部分は電気めっきのバイポーラで剥離する。したがって，回路形成の剥離工程はとらない）。
⑤ 　連続的にニッケル，金めっきがされる。

　この工法の採用で50％のコストダウンが達成された。

　シプレイはこの材料に適した前処理工程を開発した。

写真5

5.3 トランシーバーハウジング

　これは，ポリエーテルイミドに銅めっきニッケルめっき・金めっきをしている。回路としての機能はない。ＥＭＩシールドと放熱を兼ねた応用である。ハウジングの内側と外側を貫通した，リン青銅のインサートピンが放熱を補助している。

6　シーメンス－FUBA・HANS社の特徴

　回路形成法はレーザーに1ショット法，電着レジストによる1ショット法・2ショット法等が行われているがレーザー法が主体である。もう一つの特徴は，銅の厚膜形成（10〜35ミクロン）が無電解銅でなく電気めっき銅でつけられている。電気めっきをＭＩＤの厚膜に採用する場合，膜物性・生産性が良好でコストは安い。しかし形状面，設計面での制約を受ける。シーメンスの試作ライン・成形・設計・商品開発なしに，FUBA-HANS社のＭＩＤの量産性は成功しなかったであろう。

7　ヨーロッパでは2色成形・ホットスタンプ

　電着レジストを利用したセミアディティブ等の手法が量産・研究開発されている。こうした各方面での協力がＭＩＤでは必要である。ＭＩＤのいくつかの手法は今後，改良，改善されつつ，住みわけができていくと考える。

第3章　2ショット法によるMID

湯本哲男＊

1　はじめに

　MID（Molded Interconnect Device）の概念がIPCから提唱されてから，早くも14年を迎えようとしている。それ以前からあった概念，MCB（Molded Circuit Board）は言葉の意味が適用範囲のイメージを暗示し，筐体あるいはシャシーにプリント基板を張り付けた状態のアプリケーションが主体となっていた。この展開は，ガラスエポキシ基板あるいはフレキシブルプリント基板とのコスト比較になり，単なる代替論に近く，メリットを見いだすことができずに経過した。そこで，行き詰まり状態を打破すべく，適用範囲を広くイメージできるMIDが提案されたが，はっきりしたMIDの定義があるわけではないので，今度は範囲が広すぎて受け止める側に迷いが生じ，最初はなかなか開発が進まずに5～6年くらい経過し，7～8年目頃から米，EU，日本でそれぞれ同時期に実用化され始める。そのアプリケーションは，それまでのMCBと違い，回路上に搭載される部品側に近いものからMIDでしか作れないものまで実用化され始め，1993年MID国際協会が結成され年1回の大会が開かれるまでに至っている。

　今，実用化されている代表的な製造方法は，射出成形と無電解めっきを基調にしたものが一般的で，1ショット法と2ショット法とに大分類されるが，ここではデザインの自由度が最も広く選択できる2ショット法における2つの代表的な工法について述べる。

2　2ショットプロセス

2.1　SKW法

　1次成形では各種樹脂による，めっきグレード（注：化学エッチング工程で粗面化されやすいグレードを言う）例えばベクトラ＃C810を用いる。次に化学エッチングならびに触媒塗布を施し，これをインサート側として2次成形を行う。2次成形材料の選択のポイントは高流動性（低流動抵抗），密着性（相溶性，接合性），類似線膨張率等の観点から選定する。例えば，1次側がベクトラC＃810の場合，2次側はベクトラ＃C130といった視点，2次成形は2色成形の要領でよ

＊　Tetsuo Yumoto　三共化成㈱　技術部

く，回路となる部分（1次側）を露出させるように行う（図1参照）。この2次成形完了時点で，めっきが付くところと付かないところが差別化され，めっきにおける，いわば立体マスキングが行われたことになり，印刷法，露光法と基本的に異なる点である。こうしてできた2次成形品から周知の無電解めっき工程を経て成形回路部品ができあがる。

2.2 PCK法

SKW法と基本的に異なる点は，触媒入り成形材料を1次側に用いる点である。例えば，触媒入りのPESで1次成形を行い，引き続き2次成形を行う。要領はSKW法と同じように行えばよい。PCK法における一般的な材料の組み合わせでは，2次成形材料は異種材料の組み合わせが用いられる。1次側にPESを用いた場合は2次側にはPPSという具合に，非結晶性に対して結晶性の組み合わせが一般的である。使い分けの理由は後の項で述べるのでここでは省略する。2次成形完了後にアニーリングを行い，引き続き化学エッチング処理を行う。1次側にPESを用いる場合エッチング液に重クロム酸を使用する。その後，公知の無電解めっきを行い成形回路部品ができあがる（図1参照）。

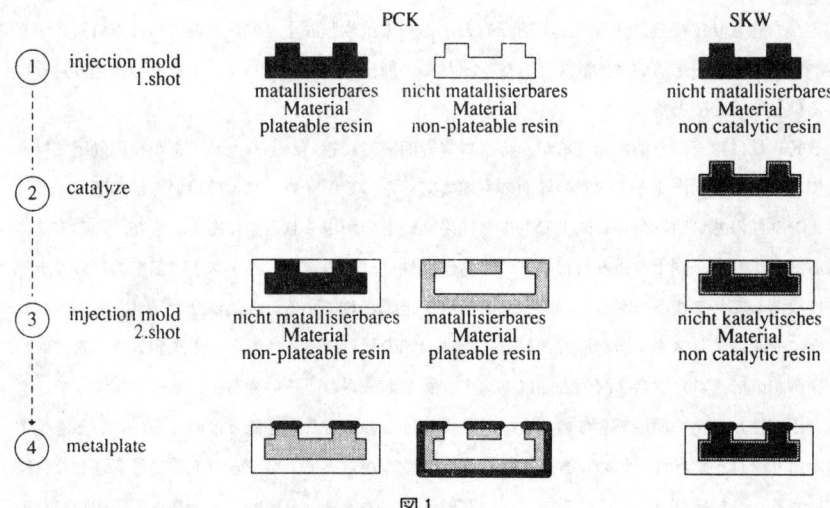

図1

2.3 プロセスの相違点

SKW法とPCK法の製造工程上の違いは図1に示すように大きな点で2つあげられる。第一に，SKW法の1次成形材料は触媒入りではなく，単に化学エッチング時に粗面化されやすいグ

レードを選択するのに対し，PCK法では粗面化のされやすさに加えて，無電解めっきの析出反応が起きるようあらかじめ触媒入りを用いる点にある。第二に，SKW法では1次成形と2次成形との間に化学エッチングと触媒付与工程があるのに対し，PCK法では1次成形に続き2次成形を行い，その後化学エッチングに続き無電解めっき工程へ移行する点である。つまり，SKW法ではドライ→ウエット→ドライ→ウエットと乾式工程と湿式工程が交互するのに対して，PCK法ではドライ→ドライ→ウエット→ウエットと製造環境がスムーズになっている。

2.4　構造上の相違点

　めっき（金属）と樹脂との異物質を接合させるメカニズムは，不定形マイクロファスナーともいうべき物理的な投錨効果で接合させている点，ならびに，非めっき面は1次成形品を凹形状にして2次成形材料を注入（射出）している点等，共通する一方，相違点は1次側と2次側との界面の接合にあるといえる。どちらも接着剤等を介在させない接合構造である点は共通しているが，接合構造も大きく分けて3通りに分類できる。

　第一の方法として樹脂同士の相溶性により融着するものである。周知の通り同一樹脂で非結晶性同士の場合その有効性が高いことはよく知られているところである。第二の方法としては接着剤等を介在させて接合させる方法，第三の方法としては樹脂同士（同材質あるいは異材質）が直接触れるが，融着あるいは拡散関係もなく，ただ，射出圧力によるハメアイあるいは包み込みによる機械的接合である。

　SKW法は第三の方法に属するが，ミクロな界面構造に違いがあり，めっきが投錨効果で接合している効果を1次側と2次側の界面にも求めている。このメカニズムの良い点は，サーマルマッチング性の悪い組み合わせ同士でも接合性の高いものが得られる点にある。現在，この方法による液晶ポリマー同士の組み合わせでの接合信頼性が，グロスリークテスト(125℃のフロリナートに浸漬してバブルリークしないこと)で合格が確認されている。液晶ポリマーは，成形された表面に配向によりスキン層が形成されることは周知の通りである。もし，1次側スキン層に対し2次側が成形された場合2次側表面にもスキン層が形成され，その性質上，サーマルマッチング性（相溶性）は全く期待できない。液晶ポリマーはこのような点を除けばめっきに近い熱膨張率，はんだリフロー耐熱性，耐めっき薬品性，高流動性等からみて，2ショット法に最も適した材料といえる。SKW法は1回の化学エッチング処理で，めっき（金属回路）と2次側（樹脂）双方に対し，その接合の有効性が確認されたことは大きな意義がある。

　一方，PCK法は第一の方法か，第三の方法いずれかで行うことになる。まず最初にサーマルマッチング性の良い組み合わせで，第一の方法を用いた場合，非結晶性樹脂同士の組み合わせが一番良いことになるが，ここに一つの問題が伴うことになるのである。それは，2次成形後にエ

ッチング処理を行うことになるので，本来疎水性でなければならない2次側表面も粗面化され，結果として親水性になってしまう。一般的なソルダーレジストを塗布して耐湿性を持たせることも有効だが，立体形状のためシルク印刷等の一般的な工法が使用できず，そのため後工程を増やし，めっき後溶剤のベイパーに通し，2次側表面をピカピカに修復する必要が生じている。このようなコスト高を避けるために，実用的には第三の方法が用いられている。1次側に対して2次側の材料を基本的に性質の異なるものを用いる方法，つまり，エッチングのねらいは1次側の露出部（回路面）のみにあるので，このエッチング液に耐えられる材料，例えば1次側にPESを開いた場合，エッチング液はクロム酸等の酸系になるので，2次側に耐酸性のあるPPS等の組み合わせが行われている。ここでの問題点は，非結晶性に対し結晶性あるいは液晶ポリマーは異材質になるので，サーマルマッチングが期待できない。したがって，めっき液漕内で液の侵入が防げて製品ができたとしても，要求性能のゆるい用途に限定されるのではなかろうか？ 厳しい使用環境下で使用される製品は，熱膨張率の違い，あるいは2次転移点の違いから接合界面にズレが生じやすく，サーマルショック等熱履歴後のグロスリークテストをクリアーするには，もっとPCK法に適した材料の出現が望まれる（図2参照）。

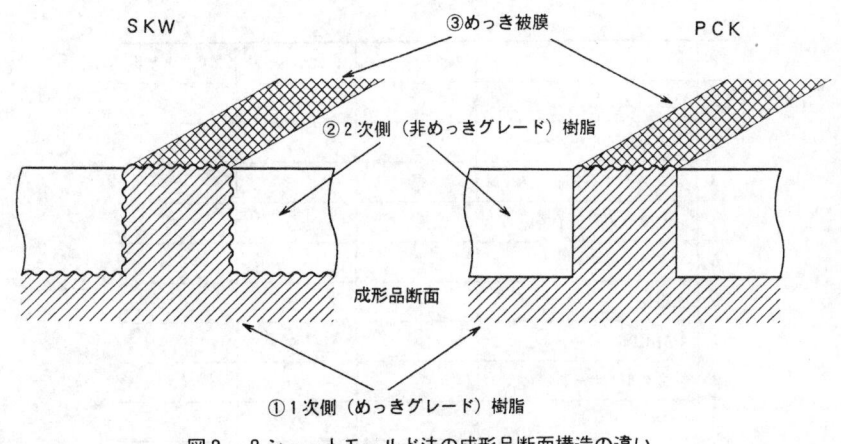

図2　2ショットモールド法の成形品断面構造の違い

3　2ショット法によるMIDの利点と問題点

3.1　利　点

最大の利点は，当然ではあるがその立体性にある。メリットは与えられるものではなく，デザ

イナーあるいは設計者自身がこの工法を理解し，いかに使いこなすかにある。また，ＭＩＤ供給業者はリデザイン（再設計）等の十分なフォロー体制を確立し，ユーザー（設計者）を支援することが大切である。ＭＩＤは最近の社会的要請である，リサイクルとＥＭＩ規制に大変有効な手段として認識され，欧米では開発が活発化している。アジアにおいても環境問題は避けて通ることができない課題である。リサイクルでは耐久消費材においては規定重量を越える部品は何らかの方法で再利用することが国際ルールとして定着しつつあり，そうした問題に対処するには廃品となった製品をいかに効率よく分解し再資源化するかのトータルコストダウンの考え方を導入することが，耐久消費材を供給するメーカーにとって極めて重要な選択肢と言っても過言でない。ＥＭＩ規制ではＣＥマークで代表されるようにヨーロッパが指導性を発揮し，日本も2年以内に同等レベルまで基準を強化する方針が郵政省より打ち出されている。あらゆる電気，電子製品はこの対象となるので，デバイス単位，回路間のクロストーク防止，機器セットとしての遮蔽等，さまざまな段階での対策が必要である。ＭＩＤは単にシールドめっきするだけにとどまらず，グランド回路あるいはシールドと信号回路を立体的に併設できる有効な手段を提供できることが大きなメリットと言える。その他，技術的なメリットは表1を参照されたい。

表1

		2ショット法	1ショット法	プリント基板
1	垂直パターン	○	△	×
2	水平方向スルーホール	○	△	×
3	アンダーカット部パターン	○	×	×
4	凹凸部分メタライズ	○	○	×
5	パターンピッチ	△	○	○
6	回路長	△	○	○
7	多層配線	○	×	×
8	垂直スルーホール	○	○	○
9	再現性	○	△	△
10	回路厚の均一性	○	△	○
11	密着強度	○	○	○

3.2 問題点

2ショット法での問題点は2回成形することで金型が1次側と2次側の2型必要になり，多品

種少量のアイテムでは型償却費の負担が大きく，コスト高になる。ただし，生産量が比較的多い場合はそれほど問題にならないので，最初は企画の段階で概算見積もりを行い次のステップへ作業を進めることをお勧めする。その他，技術的なデメリットは2回成形法ならではの問題が存在する。特にパターンピッチ，パターン長は1次成形2次成形ともに使用する材料の流動性に依存し，結果として制約される。どの工法でどの材料を選択するかで大きく左右されるので，最初は企画の段階でMIDメーカーと相談することをお勧めしたい。多層配線は現段階では問題点としてではなく今後の課題としてとらえていきたい。もともとインサート成形なので，内部にあらかじめパターニングされた回路をインサートしてマルチレイヤー化することは可能になるであろう。ここでの問題は，内部の配線と外部の配線をどこで，どのように結線するかが技術的な課題となっている。

3.3 その他

他項で述べたように，工法によっては製造工程上の耐薬品性も問題になる場合がある。例えば，めっき液，エッチング液等に対してである。サーマルマッチング性は熱膨張率の類似化が大切で，特にめっき（例えば，$Cu\ 1.7\times10^{-5}$）に対してはできるだけ近づけることで，製品化された場合の信頼性試験において大きな差となるので注意を要するところである。

4 成形材料に対する要求特性

4.1 1次側成形材料

表2に示された要求項目に代表されるが，ここでは一般論的な内容を示したもので，用途によっては実装耐熱を必要としないアイテムも可能であろう。最近，欧，米における実用事例を見るとワイヤーハーネスを単にめっきに置き換え，接続は回路の延長線上を端子ピンの形状に成形し，相手側にバネアクションのあるコネクターで接続するものが自動車部品で実用化が盛んになってきている。日本ではまだ，このようなデザインが受け入れられていないリサイクル段階で，めっきごとクラッシャーにかけリペレット化できるのでワイヤーハーネスを種分けするコストを大幅に削減している。

4.2 2次側成形材料

ここでも表2に示された要求項目に代表されるが，2次側材料の場合なんと言っても1次側との相溶性が良く，かつ，高流動性に富む材料が求められる。液晶ポリマーのように同じポリマー同士でも相溶性が期待できない場合はSKW法のように投錨効果で接合させることも有効である。

表2　成形材料に対する要求特性

A．1次成形材料	B．2次成形材料
①実装耐熱性（260℃，10秒以上）	①実装耐熱性（260℃，10秒以上）
②難燃性（UL，V-0）	②難燃性（UL，V-0）
③MIDとしての機械的強度	③MIDとしての機械的強度
④MIDとしての電気的特性	④MIDとしての電気的特性
⑤銅に近い熱膨張率	⑤銅ならびに1次側に近い熱膨張率
⑥化学エッチング性	⑥耐化学エッチング性（PCK法）
⑦めっき液耐薬品性	⑦めっき液耐薬品性
⑧2次側とのサーマルマッチング性	⑧1次側とのサーマルマッチング性
⑨ワイヤーボンダビリティ	⑨高流動性
⑩低不純物，低イオン	⑩ノンバリ性
⑪表面粗さ（回路面）	⑪低不純物，低イオン
	⑫表面粗さ（疎水性）

4.3　代表的な使用材料

表3に示すようにSKW法では1次側と2次側に同種の材料を用いるのに対し，PCK法では1次側と2次側の材料は異種構成が一般的で，それぞれのプロセスの違いを表している。

表3　代表的な成形材料の種類

	1次側	2次側
◎PCK法	PSF	PSF
		PPS
		FR-PET
	PES	PES
◎SKW法	LCP	LCP
	SPS	SPS

5 めっき

5.1 めっきの種類

2ショット法は成形段階ですでにパターンニングが完了しているので，独立パターンが存在することを前提にしなければならない。そこで，一般的には無電解めっき（フルアディティブ）が主流になっている。めっきの種類は銅，ニッケル，金が一般的で，はんだめっき浴等も販売されているが，浴組成が不安定でまだ実用レベルに達していない。今後，薬品メーカーの開発に期待したいところである。特殊な例として，最近ドイツで実用化された事例に電解めっきを使用したものも出現している。方法としては，給電治具の工夫ではなくワーク側で工夫されていて，それぞれのパターンから給電のためのランナーを延伸させワークから離れた外側でランナーを連結し，そのランナーに対して給電する方式である。むろん，めっき後に製品外形に合わせ切断して独立回路が確保される。この場合，めっきの種類もほとんどのものが可能となるメリットに合わせ析出速度も数段速いので，厚付けを必要とする電流容量の大きな分野に向いている。

5.2 エッチング液の種類

使用される材料に応じたエッチング液を選択しなければならないが，現在実用化されているものは，大きく分けて酸系（クロム酸），アルカリ系（カ性カリ）に大別されている。ここで詳しく述べるより各材料メーカーでガイドラインとなる技術資料を発行しているので参考にしていただきたい。参考までにＳＫＷ法の代表的な材料，液晶ポリマー（ベクトラ＃C810）における，エッチング条件とめっき密着力との関係を図3，図4に示した。

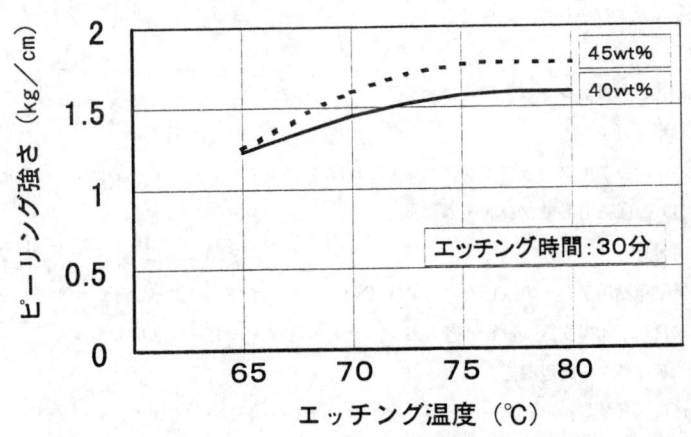

図3　ピーリング強さに及ぼすエッチング温度とＫＯＨ濃度の影響

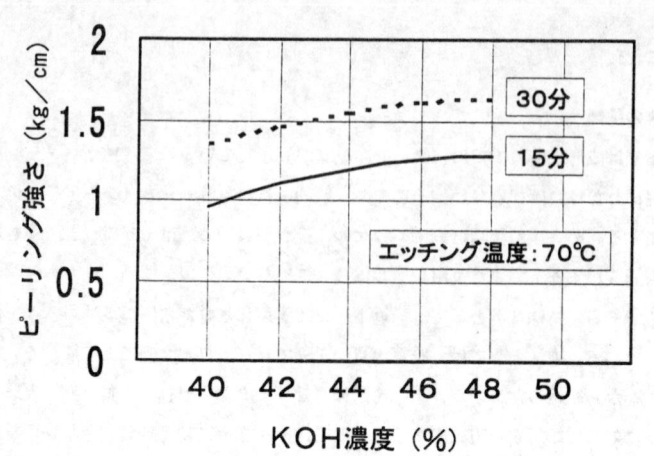

図4 ピーリング強さに及ぼすKOH濃度とエッチング

6 用途

　MIDは，すでにどう作るかから，どう利用するかに関心が寄せられてきている。MIDには3つのキーワードがあるといわれる。①リサイクルまでをトータルコストと考えたコストメリット，②空間の有効活用で軽薄短小化のメリット，③高性能化，高信頼性化，多機能化等の機能アップメリットで，言い換えればこの3つの条件を満たすものを探せばよいことであるが，なかなか簡単に探せるものではない。しかし，一度成功すると次から次へと連想され横展開が行われるケースが多く見受けられる。

6.1　実用化された2ショットMID
(1)　自動車分野
　　①ハイマウントストップランプ（米）　②エアコンスイッチ（米）　③ソーラーセンサー（日）　④ABSサブシステム（独）
(2)　通信分野
　　①携帯電話用アンテナ（日）（写真1参照）　②アイソレーター（日）　③シンセサイザー（日）　④保安器（日）　⑤DBM（日）　⑥フィルター（日）
(3)　コンピューター周辺機器
　　①HDスピンドルモーター（日）　②リードアレイ（日）　③コネクター（日）　④入力ペン（米）　⑤ジョイスティック（米）　⑥エンコーダー（米）

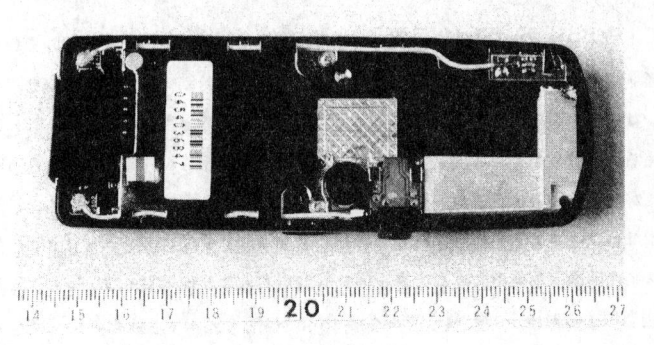

写真1

6.2 今後期待できる用途

　EMI規制が一段と厳しくなることを考えると，この需要はあらゆる分野にわたって発生し，大きな市場が形成されるものと思われる。例えば，光信号化はノイズ防止の有効な手段であることは論ずるまでもないが，光信号のままで最終利用されることはほとんどなく前後において光電変換されるのが一般的である。発光素子は低周波から高周波まで広範囲のノイズを発振するので完全なシールドが必要になる。近い将来光通信は産業分野にとどまらず一般家庭に普及する計画で，その段階ではモジュールの小型化は避けて通れない絶対条件となる。MIDはこの要求を満たす上で最も有効な方法と言える。

7　今後の開発動向

　MIDは配線ピッチのファイン化と多層化が技術的課題であった。2ショット法を前提にするとファイン化は材料の流動性に依存していて，今以上に大幅に流動性が改善されることは期待できない状況で，もし，流動性だけを優先するとバリが発生しやすくなったり，耐熱性を損なったりする弊害が伴うためである。一方，多層化の可能性はどうであろうか。もともと2ショット法はインサート成形なので，1次成形の段階で内部に完成された回路をインサートし，内部の回路と外部の回路を何らかの方法で結線することで多層化は可能であった。内部の回路は一般のプリント基板を平坦な部分に内包することも可能である。むろん内部も1ショットMIDであっても

2ショットMIDであってもよい（図5参照）。ファイン化が達成できない分，多層化でカバーしていけるものと考えている。

その他の動向

　2ショットMIDは3次元回路を提供できる方法としての価値が評価されているわけだが，まだ，利用者側に立つといろいろな制約があるので，今後はその制約を一つ一つ取り除く努力が必要である。なかでも金型構造上から型が抜けない形状は不可能とされてきたが，これは利用する側から考えると，せっかくの3次元回路設計のアイデアをつぶされ，失望させられる結果となっていた。だが，最近別のテクノロジーでこの問題を救済できる可能性がでてきた。PVAを中子とした精密なロストコア法が提案されているからである。PVAはグリーンプラで生分解性なのでビスマス系の低融点金属のように公害を伴わない点も大きな魅力である。また，PVA中子自身も通常金型による射出成形で製造できるので，いわば3ショット成形といったところである（図6参照）。今後，このようにして，成形技術，表面処理技術，金型技術，材料技術等MIDを取り囲む周辺技術との交互作用で，今まで不可能であったことも可能となる日がそう遠くないように思われる。

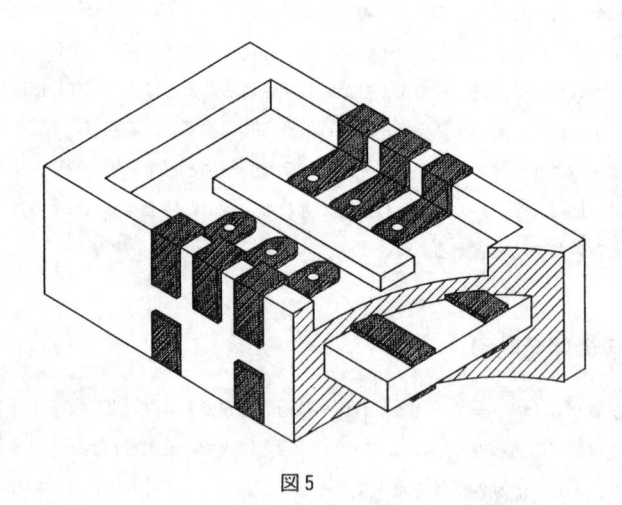

図5

図6

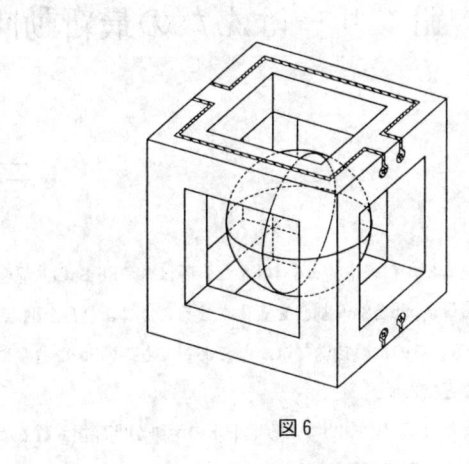

文　　献

1) 竹田：回路成形品（MID）の新しい展開と応用，p.1-13，プラスチック工業研究会，1989年12月14日
2) 山崎：回路付射出成形部品，成形加工，Vol.2，No.5，p.398（1990）
3) ポリプラスチックス（株）：回路成型品（MID）へのお誘い
4) 日本合成化学工業（株）：特開平7-316379
5) 湯本：2ショット法による3次元回路，成形加工　'89，p.229-232

第4章　鉛フリーはんだの最新動向

二宮隆二[*]

1　はじめに

　現在国内外で使用されているはんだの主流は6-4はんだと呼ばれるPb-Snの共晶合金である。この合金をはんだとして用いる場合，PbとSnの割合を変化させることにより合金融点を約180℃から300℃まで変えることができる。このため特殊なはんだであってもこのPb-Sn合金にさまざまな添加元素を加えたものがほとんどである。

　昨今の地球環境問題等によりはんだ中のPbによる地下水の汚染が問題視されるようになってきた。1992年度の国内での鉛の用途別消費量[1]を図1に示すがそのほとんどは鉛蓄電池用であり，家電製品に使用されている鉛はごくわずかである。しかしながら，鉛蓄電池はリサイクルされているが，一般家電製品はリサイクルが不十分で各家庭においては粗大ごみとして廃棄しているのが現状である。この廃棄された電化製品は一般に細かく粉砕され，埋め立て場に廃棄される。この際，廃棄されたシュレッダーダスト中から酸性雨等により鉛が溶出し地下水等に混入する。このような地下水を上水として用いると飲料水中の鉛濃度が高くなり，摂取した人に影響を及ぼす。人体への鉛の影響として鉛中毒が有名である。

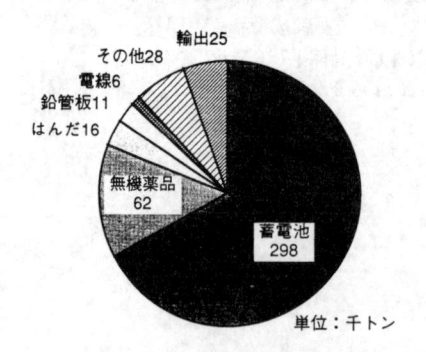

図1　1992年度鉛の用途別消費量

（輸出25，その他28，電線6，鉛管板11，はんだ16，無機薬品62，蓄電池298　単位：千トン）

---

[*]　Ryuji Ninomiya　三井金属鉱業㈱　総合研究所

このため，国内では産業廃棄物法の改正により自動車シュレッダーダストに対して1996年度より規制がかけられることになっている。また，米国においては種々のPb産業に対して規制がかけられてきているが，はんだ中のPbに対してもラベリング規制されようとしている（管轄ＥＰＡ：Environmental Protection Agency：環境保護庁）。このような状況下において無鉛はんだの必要性が高まっている。また，家電メーカー各社では独自に環境問題に取り組み各社の環境負荷物質を規定して代替していこうとしている。

2 鉛フリーはんだに要求される特性

現在ＪＩＳに規定されているはんだ材の合金系[2]を表1に示した。この表より現存するはんだ合金系では一部のスズ－銀やスズ－アンチモン系以外はすべて鉛を含有している。

次に鉛フリーはんだとして要求される性質としては現行の共晶はんだ並みの性質が要求されている。また，毒性のある鉛を除去するのであるから，鉛フリーはんだには毒性元素の添加はできない。

以下に鉛フリーはんだに要求される性質[3]を列挙する。
① 環境汚染元素を含まないこと。
② 安定供給が可能であること。
③ 合金融点がSn-Pb共晶はんだ並みであること。

表1 既存のはんだ合金系と代表的組成のＪＩＳ記号

合金系	ＪＩＳ Z3282の記号
Sn-Pb	H63S, A, B
Sn-Pb-Ag	H62Ag2A
Sn-Pb-Bi	H43Bi14A
Sn-Pb-Sb	
Sn-Ag	H96Ag3.5A
Sn-Sb	H95Sb5A
Pb-Ag	HAg2.5A
Pb-Sb	
Pb-Sn-In	
Pb-Ag-In	

33

④ 基板に対してSn-Pb共晶はんだ並みに濡れること。
⑤ 安価であること。
⑥ 現行はんだ付け設備が利用できること。

　以上のような項目を満足するものとしてスズをベースとした合金が鉛フリーはんだとして有望視されている[3]。これまでにスズ基はんだとして知られているものを表2[4]に示した。この表より現在知られているスズ基はんだは高温はんだとしては用いることはできるが，現行の共晶はんだの代替にはならない。つまりその完全溶融温度が220℃以上と高く，現行共晶はんだと同様な作業温度では使用できないためである。この作業温度は家電製品のはんだ付けにおいて非常に重要である。一般に家電製品の電気回路は表面実装（ＳＭＴ）されており，はんだはペースト状のものを用いる。このペースト状のはんだはリフロー炉を用いて加熱溶融される。よって，基板上にある各種電子部品もはんだが溶融する温度まで加熱される。このため電子部品等の耐熱温度より高い温度まで加熱することは困難であり，先に示したスズ基はんだはこのままでは使用できない。したがって，現在鉛フリーはんだの研究はスズ基はんだの低溶融温度化が最大の課題とされている[5]。ここで作業性や実装性等を考慮に入れた時に鉛フリーはんだとして要求される諸特性を図2[5]に示しておく。

表2　スズ基はんだ組成と溶融温度

合金組成	溶融温度（℃）
Sn-10Au	217
Sn-2Ag	221～227
Sn-3.5Ag	221
Sn-5Ag	221～250
Sn-10Ag	221～295
Sn-10Ag-0.5Sb	221～305
Sn-20Sb	246～320
Sn-10Sb-2Ag	205～250
Sn-5Sb	232～240
Sn-3Sb	232～235
Sn-1Sb	232～233
Sn-1Ga	228

| 基本特性
(一次) | 作業上の素材特性および作業性
(二次) | 信頼性
(三次) |

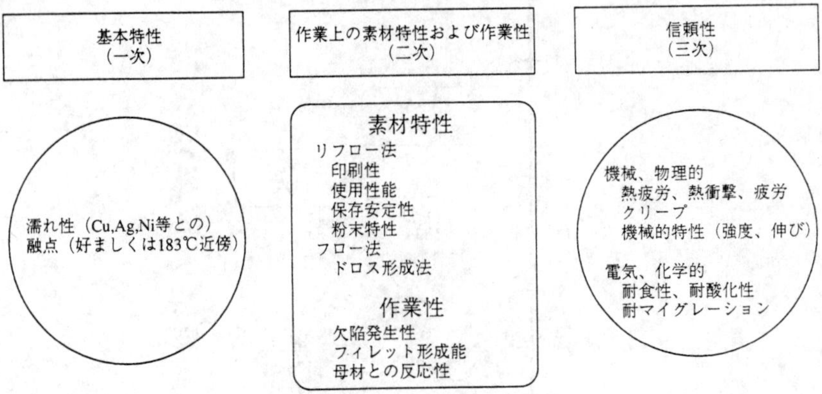

素材特性
　リフロー法
　　印刷性
　　使用性能
　　保存安定性
　　粉末特性
　フロー法
　　ドロス形成法
作業性
　欠陥発生性
　フィレット形成能
　母材との反応性

濡れ性（Cu,Ag,Ni等との）
融点（好ましくは183℃近傍）

機械、物理的
　熱疲労、熱衝撃、疲労
　クリープ
　機械的特性（強度、伸び）
電気、化学的
　耐食性、耐酸化性
　耐マイグレーション

図2　鉛フリーはんだに要求される諸特性

　図3にスズ－X二元合金の共晶温度を示す。この図より明らかなようにスズ－X二元系では現行のスズ－鉛はんだと同等の溶融温度を示さないことがわかる。また，現在鉛フリーはんだとして国内外で提案されているものを表3に示した[6]。国内の主要はんだメーカーでは主にスズ－銀系はんだを開発していることが理解できる。この系のはんだは融点が現行のスズ－鉛共晶はんだに比べて高く問題があるもののその接合信頼性は高いものがある。現在この系のはんだでは溶融温度の低温化が最大の課題となっている。この問題を解決するには現行はんだの融点に共晶温度が近いスズ－亜鉛系のはんだを開発すれば解決できるが，この系では亜鉛の酸化性が問題となり，フローはんだ付けができない。よってこの問題を解決しなければならない。また，低温はんだとしてスズ－ビスマス，スズ－インジウム系があげられるが，これらのはんだは現行の共晶はんだに比べて融点が低く，今のままでは特殊な用途にしか使用できない。いずれにしても，現時点では現在の共晶はんだのような標準的な鉛フリーはんだは存在していない。よって今後，はんだ業界において鉛フリー化が進むと，この標準的なはんだの開発を行いつつ，使用用途別の多くのはんだが開発されることになると考えられる。

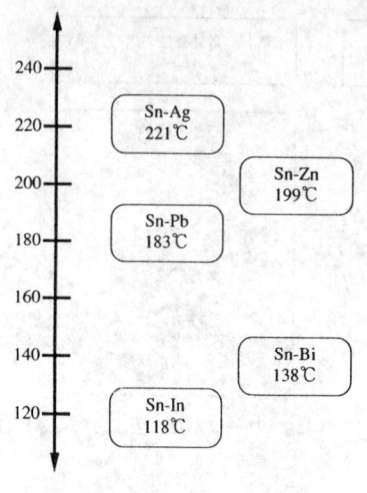

図3　Sn-X系共晶合金の共晶温度

表3　既存の鉛フリーはんだ

合金組成	融　点（℃）
Sn-5Sb	236〜240
Sn-0.7Cu	227
Sn-2Ag	221〜226
Sn-3.5Ag	221
Sn-7.5Bi-2Ag	207〜212
Sn-9Zn	199
Sn-58Bi	138
Sn-52In	218

3　各合金系の特徴

現在鉛フリーはんだとして検討されているスズ－X系の特徴を述べる。

3.1　スズ－銀系

スズ－銀系はんだはSn-3.5Agはんだに代表されるように従来から高温はんだとして用いられて

いる。この合金そのものが鉛フリーはんだであるが、電子回路用として用いるためにはその溶融温度が高すぎるという問題がある。この合金の融点は221℃であり、現行の共晶はんだは183℃であり、約40℃溶融温度が高くなることになる。そのため、この溶融温度を低温化させるためにビスマスを添加したアロイH（Sn-2.0Ag-7.5Bi-0.5Cu）なるものが存在する[7]。しかしながら、この合金は低温共晶が存在する[8]ために実用上問題になることがある。

また、各はんだメーカーの開発している鉛フリーはんだもほとんどはこの合金系である。

3.2 スズ－ビスマス系

スズ－ビスマス系はんだは融点が138℃であり、現行はんだよりも融点が低い。この融点を上げるために種々の研究がなされている。最近ではこのスズ－ビスマス共晶合金組成をスタートとして、曽我らによって亜鉛を添加し融点を上げたはんだが提案されている[9,10]。また、植田らはこのスズ－ビスマス共晶合金に銀を1％添加するとよいと報告[11]している。

3.3 スズ－インジウム系

スズ－インジウム系はんだとしては主にアメリカのインジウムコーポで研究がなされている。この研究はSn-Ag-In, Sn-Zn-Inの2種類であり特許もかなり広範囲にわたって出願されている[12,13]。また、この系のはんだはI.Artakiら[14]によって評価されているが、良好な結果を示している。しかしながら、この系はインジウムの価格が高いことよりはんだコストが高くなるという問題が生じる。

3.4 スズ－亜鉛系

スズ－亜鉛系はアルミ接合用として古くから知られているが、この系の実用化にはフラックスの開発が必要になってくる。この系のはんだはスズ－亜鉛の共晶合金の溶融温度が199℃と今の共晶はんだの溶融温度に近いことから合金系としては鉛フリーはんだの最有力候補であるが、実用化には一番障害が大きいと考えられる。

以上のことから鉛フリーはんだはスズをベースとして銀、亜鉛、ビスマス、インジウムを種々組み合わせた形になると考えられる。これらの組み合わせとして竹本[5]が提案している考え方を図4に示す。また、それぞれの合金系で特徴があるので使用用途別に種々のはんだが開発されていくと考えられる。

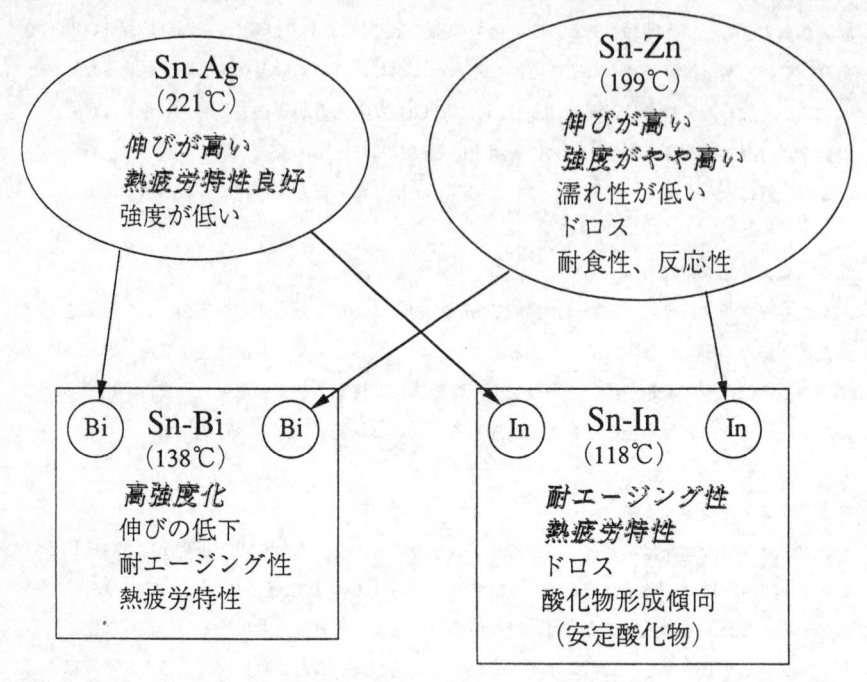

図4 Sn-AgおよびSn-Zn系鉛フリーはんだの特長と問題点

4 鉛フリーはんだ付けプロセス

　現行の共晶はんだを用いたはんだ付け工程においてはそのほとんどが大気中で行われている。しかしながら，現状鉛フリーはんだを用いたはんだ付けを行う場合鉛フリーはんだの濡れ性が現行共晶はんだより劣る[15]ことから窒素中で行う方が適していると考えられる。竹本は鉛フリーはんだには窒素中はんだ付けが必要であると提案している[5]。

5 国内における学協会での取り組み

　現在，国内の学協会では回路実装学会と溶接協会において鉛フリーはんだの研究会が行われている。

　回路実装学会………『鉛フリー研究会』

溶接協会 ……………『エレクトロニクス実装における環境問題研究会』

6 海外の動向

海外では数年前まで盛んに鉛フリーはんだの開発に関する発表や論文が出されていた。特に2年前には*J. Electronic Materials*において鉛フリーはんだの特集号が出されるほど盛んであった。しかし，1997年6月に行われた国際会議Inter Pack '97においては鉛フリーはんだの発表はなく，鉛フリーはんだを用いる場合のリードや端子のメッキに関するものがほとんどであった。このことから，海外でははんだ材の研究はほぼ終了し，選定した鉛フリーはんだを使いこなすための付帯技術の開発に移っていると考えられる。参考までに以下に1997年に開催された国際会議における鉛フリーはんだ関係の発表題目を示す。

(1) TMS Annual Meeting (Design & Reliability of Solders and Solder Interconnections)
　　1997年2月10日～13日　アメリカ，フロリダ，オーランド
・Lead-Free Solders for Electronic Assembly
・Creep and Mechnical Properties of Sn-5%Sb Solder
・Issues Regarding Microstructural Coarsening due to Aging of Eutectic Tin-Silver Solder
・Lead Finish Comparison of Three Lead Free Solders vs Eutectic Solder
・Alloy Design of Sn-Zn-X(X=In,Bi) Solder Systems through Phase Equilibria Calculations
・Alloy Design of Sn-Ag-In-Bi-Sb Solder system using Thermodynamic Calculations
・Summary of Recent Studies of the Effect of Processing on Microstructure of smoe Solder Alloys
・Evaluation of Alternatives to Lead Solders for Printed Wiring Assemblies
・Thermal Reliability of 58Bi-42Sn Solder Joints on Pb-Containing Surfaces
・Mechanical Properties of Sn-Ag Composite Solder Joints Containing Copper-based Intermetallics

(2) Inter Pack '97(ASME International) 1997年6月15日～19日　アメリカ，ハワイ
・Microstructure and Mechanical Properties of New Lead-Free Solder
・The Effect of Lead Content and Surface Roughness on Wetting and Spreading of Low-Leadand No-Lead Solders on Copper-Clad FR-4 Laminates
・Inermetallic Compound Formation of Sn/Pb, Sn/Ag, and Sn Solders on Ni Substrates

from the Molten Stage and Its Growth during Aging
・The Influence of Microstructure on the Mechanics of Eutectic Solders
・Rate Controlling Mechanism During Plastic Deformation of 95.5Sn-4Cu-0.5Ag Solder Joints at High Homologous Temperatures
・Mechanical Properties and Estimation of Thermal Fatigue Properties of Lead-Free Solders
・Deformation Behavior of two Lead-Free Solders
・Wetting Test to Evaluate the Compatibility of Lead-Free Solders for Fine Pitch Soldering

7 今後の残された課題

　今まで鉛フリーはんだの概要について述べたが，完全に現行のスズ－鉛共晶はんだと同等な特性を有した鉛フリーはんだが開発されるまでには，まだかなりの時間が必要であると思われる。よって，早期の電子回路からの鉛フリー化にははんだの鉛フリー化だけでなくプロセスまでを含めたところで鉛フリー化を考えなくてはならない。

文　　献

1) 吉田卓司：ベースメタル（銅・鉛・亜鉛）のリサイクル，機能材料, 15 (9), 43(1995).
2) 河野政直：ソルダおよびフラックス，これからのマイクロソルダリング技術（仲田周次編），pp.120-121, 工業調査会，(1992).
3) 川勝一郎：鉛フリーはんだ付け技術の最近動向，エレクトロニクス実装技術, 11, 65(1995)
4) 大澤　直：はんだ，電子材料のはんだ付技術, p.104, 工業調査会, 1983.
5) 例えば　竹本　正：Pbフリーソルダの一般論と今後の課題，第19回マイクロ接合研究委員会ソルダリング分科会資料, 75 (1995).
6) E.P.Wood, K.L.Nimmo：In Search of New Lead-Free Electronic Solders, *J.Electronic Materials*, 8, 709 (1994).
7) 木田　等，角田睦晴：アロイHソルダーペースト使用法の提案と課題，第19回マイクロ接合研究委員会ソルダリング分科会資料, 35(1995).
8) 二宮隆二ほか：Pbフリーはんだの開発，第19回マイクロ接合研究委員会ソルダリング分科会資料, 27(1995).
9) 特許公開公報：平成8-164495

10) 特許公開公報：平成8-164496
11) 植田秀文ほか：錫ビスマス系鉛フリーはんだの熱疲労特性, 2nd Symposium on "Micro-joining and Assembly Technology in Electronics", 159 (1996).
12) 特許公開公報：平成6-15476
13) 特許公開公報：平成7-155984
14) I. Artaki et al., Evaluation of Lead-Free Solder Joints in Electronic Assemblies, J. Electronic Materials, 8, 757 (1994).
15) 例えば 竹本 正：ウェッティングバランス法によるSn-Ag-Bi系Pbフリーソルダのぬれ特性の評価, 第19回マイクロ接合研究委員会ソルダリング分科会資料, 1 (1995).

第5章　導電性プラスチックによるMID

野口裕之*

1　プリント配線の立体化

　携帯電話に代表されるように，われわれの身の回りの電子機器は年々小型軽量化されてきている。これはICチップなどの電子部品およびこれらをつなぐ回路実装技術の高密度化，高集積化技術の進歩によるものにほかならない。しかしながら，電子部品の急速な革新に比べて，回路実装技術が追いつかなくなっており，回路技術についてはさらに大きな技術変革が期待されている。

　回路実装に使われるプリント配線板は高密度に多層化され，1枚のプリント配線板内で複雑な回路は組めるものの，プリント配線板自体は平面であり立体的な回路の製作は困難である。もしも3次元的な回路の製作が可能ならば，回路設計の自由度が飛躍的に向上するであろう。MIDは立体配線を可能にするものとして登場し，その開発は着実に拡大しているが，主たる製造工程は従来のプリント回路技術の延長上にある。この中で導電性樹脂を使うものは射出成形によっての配線であり，高密度配線は困難としても，立体配線の自由度はかなり高いもので新しい用途展開が期待されている。

2　導電性プラスチック

　導電性プラスチックは，絶縁材料であるプラスチックに導電性をもったフィラーを混ぜ合わせるのが一般的であるが，その導電性の範囲は，体積固有抵抗で表すと，$10^8\Omega\cdot cm$程度の帯電防止材料から金属並の低い抵抗を持つ$10^{-5}\Omega\cdot cm$と，広い範囲の材料を指してる。

　これまで高い導電性を得るためには，導電フィラーに銅やステンレスなどの，金属短繊維を混入したものが多く用いられている[1]。しかし，このような導電性プラスチックは導電性能が低く，電磁波シールド材としては使用可能であっても，直接電気を通すための導電材としては不十分であった。

　東京大学生産技術研究所中川研究室では以前より導電フィラーとして，Sn－Pb系のハンダを樹脂中に溶融状態で混入した，新しいタイプの導電性プラスチックの開発に取り組んできた[2]。さ

---

　*　Hiroyuki Noguchi　東京大学　生産技術研究所

らに，最近の環境問題の点から，鉛を含まない鉛フリーハンダを混練した導電性プラスチックにも成功している[3]。このハンダ分散型導電性プラスチックの特徴は，射出成形時はハンダが半溶融状態であるため成形性が極めて良好であり，電線のような細長い形状に射出成形することが可能である。さらに，樹脂中に分散されたハンダが，お互いに連結していることにより，極めて高い導電性を示す点である。

3 射出成形による立体回路の形成

この新開発されたハンダ分散型導電性プラスチックは射出成形することにより，既存のMIDと同じように3次元の立体導電回路を直接形成することができる。

図1に導電性プラスチックを用いた立体回路の構想図を示す。導電性プラスチックを用いた回路の特徴は，材料自身が導電性を有しているため，導電回路を射出成形によってプラスチックの中に立体的に組み込めることである。また，2色成形の工程において金属インサート部品と回路との一体成形も可能性があり，実現すれば部品接続を省略することができる。さらにワイヤーハ

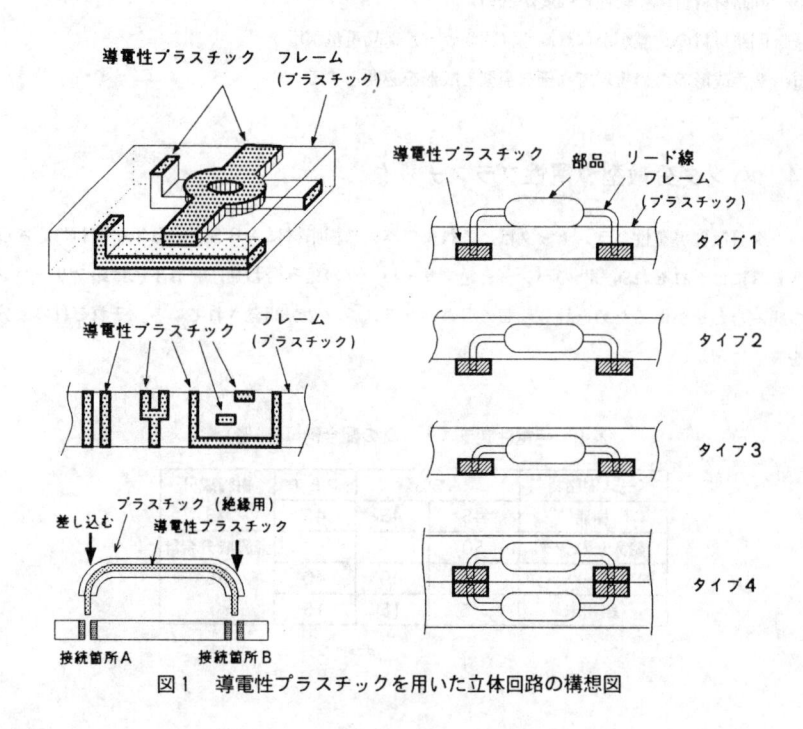

図1 導電性プラスチックを用いた立体回路の構想図

ーネスの代替として活用すれば，配線作業の自動化とともに導電性と剛性をも兼ね備えた立体的な回路部品としての活用も期待できる。これらの特徴はメッキ工程を必要とする既存のＭＩＤでは実現が不可能なことである。

導電性プラスチックの射出成形による回路形成法の利点をまとめると，以下のようになる。

① 射出成形によるドライプロセスで回路製作が可能
② 3次元的な立体形状の回路形成が可能
③ 回路の幅や深さの自由な選択が可能
④ インサート部品と回路との一体成形が可能
⑤ 回路を自動化部品として製作し，後工程で組みたてが可能
⑥ 金型を準備すれば大量生産が可能

一方このような導電性プラスチックの射出成形による回路形成法の欠点としては，以下のようなものがあげられる。

① 金属製回路に比べ回路の体積固有抵抗が大きい
② 微細で配線密度の高い回路形状には不向き
③ 回路材料自体の靭性と強度が低い
④ 回路材料の比重がかなり高く（約5g/㎤）部品重量が増す
⑤ 2色成形のため複雑で高価な金型と成形を必要とする

4 ハンダ分散型導電性プラスチック

ハンダ分散型導電性プラスチックは，これまでベース樹脂材にＡＢＳとＰＢＴが使われ，さらにＡＢＳにはそれぞれSn–Pbのハンダと鉛フリーハンダの組み合わせ，ＰＢＴには鉛フリーハンダの組み合わせがあるため合計3種類の導電性プラスチックが開発されている。それぞれの成分量を表1に示す。

表1　導電性プラスチックの配合例（vol%）

ベース樹脂材料	ＡＢＳ		ＰＢＴ	樹脂成分
樹脂	45	45	45	45
鉛入りハンダ	50	–	–	金属成分合計
鉛フリーハンダ	–	40	40	55
銅粉末	5	15	15	

これらの組み合わせは，主として混入する金属の融点と樹脂の軟化点が近いことで選ばれている。実際には樹脂と金属の混合には，多くのノウハウが必要であり，金属の合金成分調整や，均一な混練を媒介する銅粉末も混入されている。

結果としてこの材料は写真1に示すペレットとして供給され，通常の射出成形機で通常の射出条件に近い条件で使用できる。

写真1　導電性プラスチックペレット

5　導電性[4]

図2に金属混入率と導電性の関係を示す。この導電材料は絶縁物の樹脂との混合物であり，金属体積混入率が導電性を決める。この図で理論値は金属が導電方向に全部結合した最高の導電条件で計算したものであるが，導電金属の混入量が体積で50％を越すと理論値に近くなることがわかる。安定した高い導電性を得るには金属が細かく分散することが重要である。その分散状態を写真2と写真3に示す。固体の粒である銅粉を混入することは均一な分散に大きな効果がある。

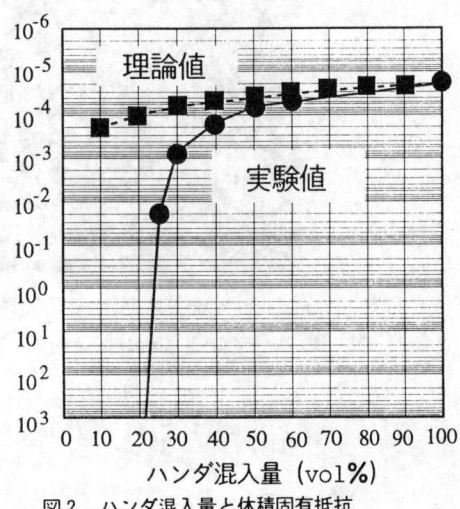

図2　ハンダ混入量と体積固有抵抗

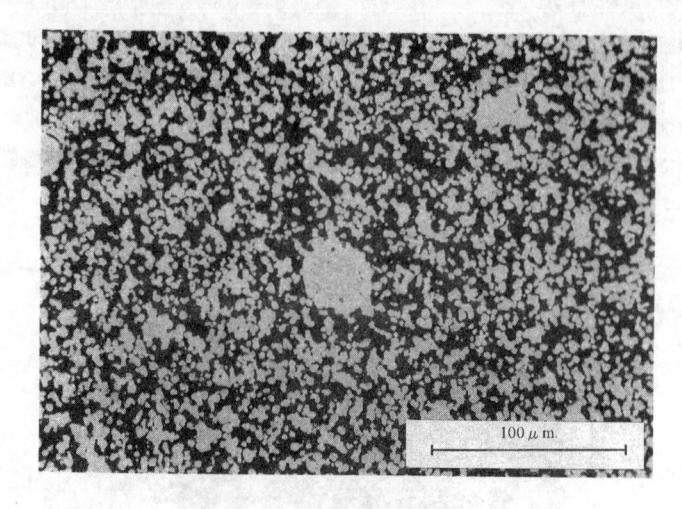

写真2　ハンダの分散状態
（鉛フリーハンダ 40vol％，銅粉末 15vol％，ABS樹脂 45vol％）

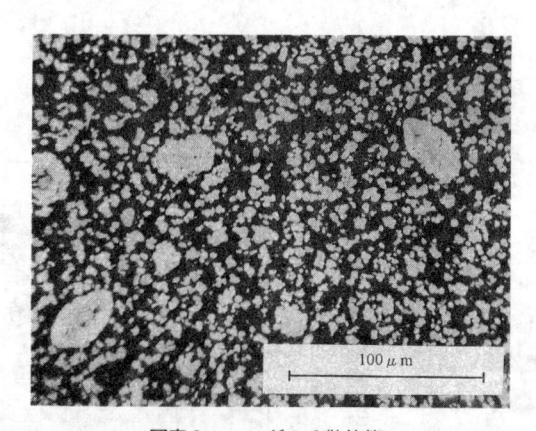

写真3　ハンダの分散状態
（鉛フリーハンダ 40vol％，銅粉末 15vol％，PBT樹脂 45vol％）

6 射出成形性

ハンダ分散型導電性プラスチックの射出成形条件の粘度を図3に示す。母材樹脂粘度よりやや低下するため,その分高温下で射出する必要がある。また熱伝導率も高く固化が早いため,樹脂の流動長は図4のように短くなる。この問題は金型温度を上昇することによりある程度解決できる。

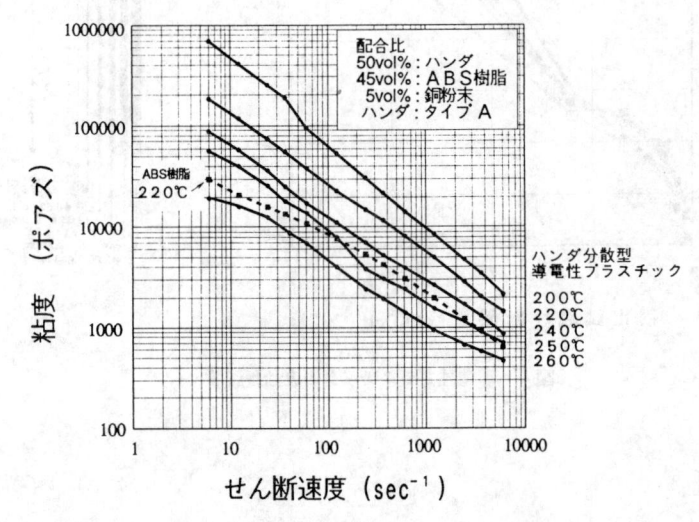

図3 ハンダ分散型導電性プラスチックの粘度

射出材料：ハンダ分散型導電性プラスチック
射出圧力：1800 kg/cm^2
射出温度：220℃

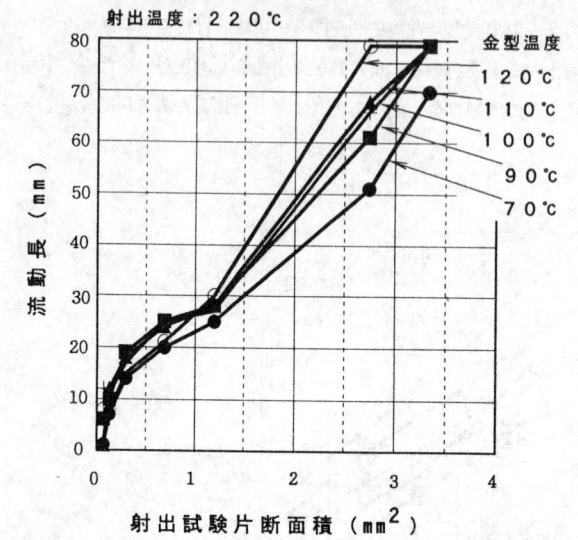

金型温度
120℃
110℃
100℃
90℃
70℃

流動長（mm）

射出試験片断面積（mm^2）

流動試験金型形状

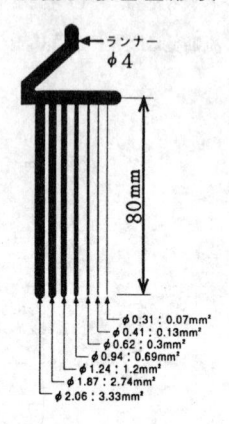

ランナー
φ4

80mm

φ0.31：0.07mm^2
φ0.41：0.13mm^2
φ0.62：0.3mm^2
φ0.94：0.69mm^2
φ1.24：1.2mm^2
φ1.87：2.74mm^2
φ2.06：3.33mm^2

図4　導電性プラスチックの流動長試験

写真4はハンダ分散型導電性プラスチックを用いて2色成形により先端が0.5mm×1mmの導線を射出成形した例である。成形条件を工夫することにより，さらに細い配線の射出が可能となるであろう。

写真4　立体回路の成形例

試料寸法	50mm×50mm
ベース材料	ベクトラ
回路部分	ハンダ分散型導電性プラスチック
回路寸法	末端1×1mm　先端0.5×1mm
ピン数	44本

7　ハンダ分散型導電性プラスチックの将来

本導電性樹脂は射出成形が可能な配線材料として開発された。現在この材料を使った電器製品や自動車部品の用途開発がなされているため，近い将来本格的に活用されると予想されている。冒頭にも述べたように本材料はＭＩＤ用として開発されたものであるが，いわゆるプリント板や配線の代替ばかりでなく，アースやシールドにも活用でき，さらに熱伝導性も極めて高いなどの特徴を生かすことができる。

文　献

1) T. Nakagawa, H. Koyama, A. Yanagisawa and K. Suzuki: Conductive Plastics Mixed with Metal Fiber, Proceedings of the Fourth International Conference on Composite Materials, (1982.10) p.1037-1044
2) 野口裕之, 中川威雄：射出成形可能な高導電性複合プラスチック, 第4回プラスチック成形加工学会年次大会講演論文集, p.337-338, 1992.6
3) 野口裕之, 中村　大, 斎藤紀之, 中川威雄：ハンダ分散型導電性プラスチック　第4報－鉛フリーハンダの分散－, 第11回回路実装学術講演大会講演論文集, p.145-146, 1997.3
4) 野口裕之, 阿部　靖, 中川威雄：ハンダ分散型導電性プラスチック　第2報－ハンダ量と導電性の関係－, 第6回プラスチック成形加工学会年次大会講演論文集, p.381-382, 1994.6

第6章　チップLED基板の開発

関　高宏* 森川哲也**

1　はじめに

菱電化成㈱は，電気絶縁材料の専門メーカーとして設立され，合成樹脂材料，プリプレグ，積層材料，セラミックス等の電気・電子用の絶縁材料を主体に製造してきたが，近年のエレクトロニクスの高機能化に対応するべく，半導体用高純度封止樹脂をはじめ，分析・評価やプラズマディスプレイ，オプトエレクトロニクス関連等の新規事業にも取り組んでいる。

MIDは，基本的にはプリント基板技術と射出成形技術とを融合したものであり，当社では新規事業の一つとして三菱ガス化学㈱から技術導入を行い，これをベースとして改良を加え，MID技術を確立した。

現在，チップLED用基板等の表面実装部品用基板を中心に製造及び開発を進めている。

2　MID製造法

MIDの製造法は種々提唱されてきたが，現在国内で実用化されているのは，主に以下の2種類である。

(1) 1ショットモールド法

フォトイメージング法とも呼ばれ，単一の成形品に回路を形成する。回路形成にはフォトレジストを全面に塗布し，マスクを介した露光により回路パターンを形成する方法（以下マスク法）と，レーザーにより直接回路を描画する方法（以下レーザー法）とがある。

(2) 2ショットモールド法

2色成形を利用し，金型を2つ用意して2度成形を行うことで，回路部（めっきされる部分）と非回路部（めっきされない部分）とを形成する。

それぞれの製法の簡単な比較を表1にまとめる。

---

*　Takahiro Seki　菱電化成㈱　ファインデバイス製造部
**Tetsuya Morikawa　菱電化成㈱　ファインデバイス製造部

表1　MID製造法の比較

	1ショット法		2ショット法
	マスク法	レーザー法	
回路自由度	△ (垂直パターン不可)	○ (垂直パターン可)	○ (垂直パターン可)
ファインパターン対応 (最小線幅)	○ (100～200μm)	○ (100～200μm)	△ (300～500μm)
パターン変更の容易さ	○ (マスク変更)	△ (描画光路変更)	× (金型変更)
量産性	○	×	○

　1ショットのマスク法では，通常のプリント基板製造法と類似した工程を経るため，ファインパターン対応や回路変更は比較的容易に行えるが，3次元回路を形成するには，露光時にかなりの工夫が必要となり，量産性を考えると回路の立体度は自ずと制限される。それに対して，レーザー法では，レーザー光路を工夫してビーム径を広げずに立体回路を形成することは可能であろうが，ソフト・ハードを含めたシステムを構築する必要があり，量産対応性は他法に劣る。

　一方，2ショット法では金型により回路形状が決定されるため，回路の自由度は高いが，一般的にはファインパターン対応は困難である。また，パターン変更は金型修正対応となるため，他法に比べて容易ではない。

　当社では，それぞれの特徴を考慮し，以下の点から1ショットマスク法を採用している。
① 電子部品の小型化・ファイン化のためには高密度配線に対応した量産技術が必須である。
② 製品開発の短期間化・低コスト化のためには金型作製を最小限に抑えることが必要である。

3　チップLED基板

　1ショットマスク法は，露光技術の制約から，今のところ複雑な立体形状の量産に対応することは困難である。

　しかし，平面基板に近いものでは，回路形成が容易であり，射出成形によりある程度の大きさまで基板サイズが自由に決められる。この特徴をうまく利用すれば，表面実装用チップ部品などでは，平面基板上に部品を配置し回路形成等を行った後切断することにより，効率よく製造を行うことができる。

　中でも発光素子を搭載する基板では，ガラスエポキシ等の平面基板を使用する場合に比べて形状の自由度が高くなるため，反射面を組み込み，発光光度を増すことができる利点がある。

この利点を利用して，現在当社で製造しているのがチップＬＥＤ基板である。
プリント基板によるチップＬＥＤと，ＭＩＤによるチップＬＥＤの構造の違いを図１に示す。

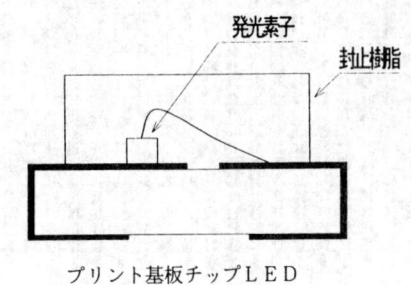

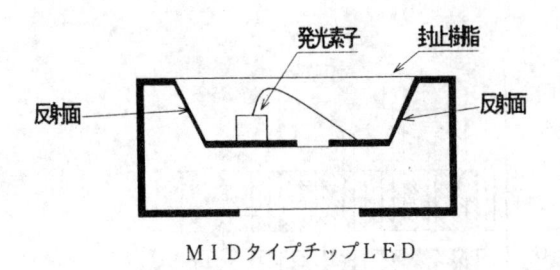

プリント基板チップＬＥＤ

ＭＩＤタイプチップＬＥＤ

図１　チップＬＥＤ

また，当社が客先評価用や種々の実験検討用に用いている当社が独自に作製した基板（以下オリジナル基板と称す）を図２に示す。

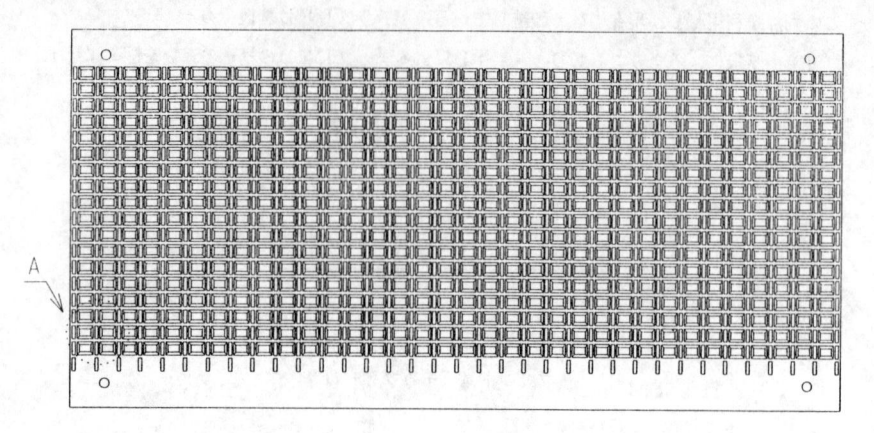

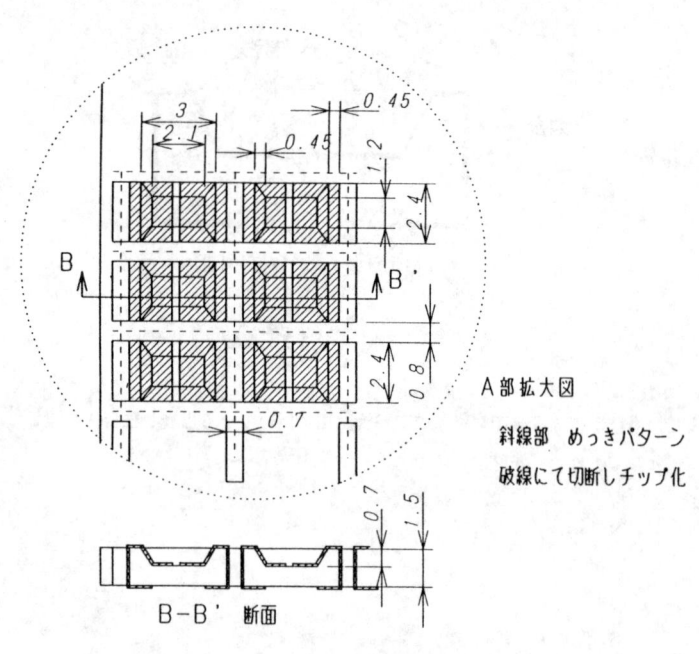

図2 当社オリジナル基板

図1,2に示すように斜面部分にめっきパターンを形成することにより,反射光の有効利用を図り高輝度化を実現している。

A部拡大図

斜線部 めっきパターン
破線にて切断しチップ化

B-B'断面

また，当社オリジナル基板は，金型の入れ子を交換することにより，LEDチップを2個搭載した2色チップLEDや，3色チップLEDとすることもできる（図3参照）。

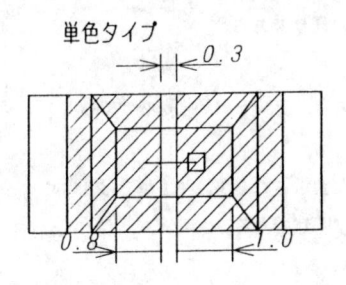

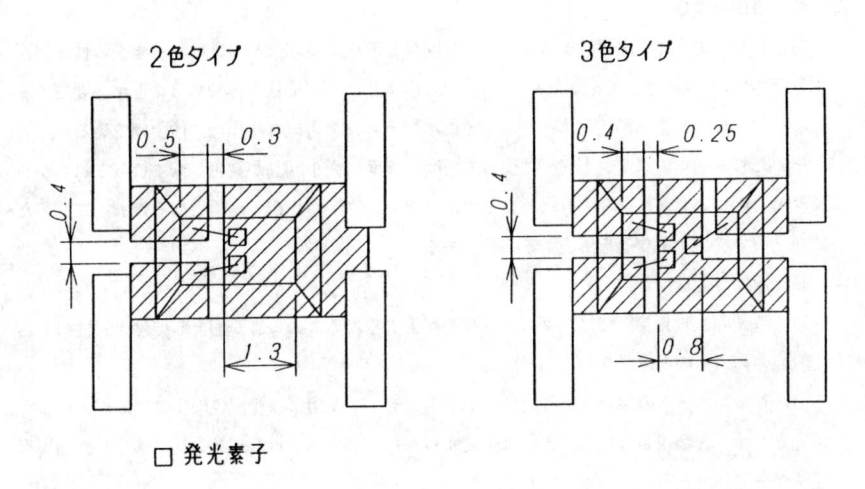

単色タイプ

2色タイプ

3色タイプ

□ 発光素子

図3　オリジナル基板　各種パターン

これらは，若干の型組み替えと，マスクパターンの変更できわめて容易に対応することができる。

オリジナル基板は，フルサイズでは約600個のチップLED搭載用のくぼみを有している。

このくぼみにチップ実装し，透明樹脂で封止後，図2の破線部で切断すれば，チップLEDとなる。

なお，オリジナル基板は，あくまでも基板性能の評価用として作製したもので，より効率的なデザインで設計すれば，1000個程度のチップLEDを搭載することも可能である。

4 チップLED基板の必要性能

このようなチップLED基板の必要な性能は以下の通りである。

① 高耐熱性

チップLEDはリフローハンダが前提になるため,リフロー耐熱性が必要である。

② めっき密着性

通常のプリント基板では15N/cm程度の剥離強度が要求されるが,MIDでは③のめっき面平滑性との関係もあり,そこまでの強度を出すことは困難である。

当社では,5.9N/cm以上の剥離強度を標準としている。

③ めっき面平滑性

MIDではめっきを厚付けすることにより回路を形成する。しかし,②のめっき密着性を確保するためには,成形品をケミカルエッチングし,樹脂面に凹凸形状を作製することが必要である。この凹凸をめっき厚付けによって,ワイヤボンディング可能な平坦面に仕上げている。

そのため,通常のプリント基板に比べて,回路表面に微小凹凸が発生しやすい。これらがワイヤボンディング面に存在すれば,ワイヤボンディング不良を招く結果となるため,できるだけ凹凸の少ない平滑な面を形成する必要がある。

④ 高光沢性

MID製のLED基板では,反射光を有効利用するため,めっき表面としては光沢性のある反射能の高いものが好ましい。

しかし,金めっきの場合,一般的にワイヤボンディング用には光沢性の少ない,半光沢または無光沢めっきが用いられる。これは光沢性めっきではワイヤボンディングに適した表面平滑性及び表面硬度が得にくいためである。

当社では,めっき組成に検討を加え,高光沢でかつ良好なワイヤボンディング性を得られるめっきに仕上げている。

⑤ 薄肉流動性

チップ部品の小型化に対応し,なおかつ大量にチップ部品を成形品中に形成するためには,できるだけ流動長の大きい成形材料を使うことが好ましい。特に,チップLED基板では,局所的な薄肉部が繰り返される形状となるため,薄肉流動性に優れた材料が必要である。

⑥ 低線膨張率

一般的にプラスチックの膨張率は金属の膨張率よりも1桁程度大きいが,線膨張率が金属に近ければ加熱時の変形応力も小さくなり,信頼性は高くなる。そのため,できるだけ金属に近い線膨張率を持つ材料が好ましい。

5 チップLED基板の製造法

5.1 サブトラクティブ法

1ショットモールド法でチップLED基板を製造する場合，図4に示すサブトラクティブ法が用いられることが多い。

サブトラクティブ法では，樹脂表面を粗化してめっき密着性を持たせた後，全面に無電解銅めっきを行い，さらに全面電気銅めっきを行う。次に非回路部の銅が露出するように銅エッチングレジスト膜を形成し，非パターン部の銅をエッチングして除去する。その後，回路部の銅の上に残っているレジスト膜をレジスト溶解液にて除去した後，露出した銅上にニッケル，金の電解めっきを施す。

この方法の特徴は，金めっき工程が最終工程となる点である。

チップLEDは，ワイヤボンディングを行う必要があるため，2ndボンディング面はワイヤが十分押し切られるだけの平滑性を要すると同時に，金表面が不純物により汚染されていないことが必要である。

金めっきの表面を清浄に保つには，金めっき後の工程が短いほど有利である。その点，サブトラクティブ法では，金めっき工程が最終工程であるため，金めっき表面を清浄に保つのにもっとも有利であるといえる。

但し，サブトラクティブ法では，電気めっきが最終工程となるため，回路パターンはすべて連結している必要がある。単色LEDのように，単純な回路構成では問題ないが，多色や他用途への展開を考えると，すべてのパターンが連結している必要があるというのは非常に大きな制約となる。

5.2 セミアディティブ法

上記の制約があるため，当社ではサブトラクティブ法ではなく，セミアディティブ法を採用している。

セミアディティブ法のフローチャートを図5に示す。無電解銅めっきまではサブトラクティブ法と同様であるが，無電解めっき後に回路部が露出するようにめっきレジストを形成する。その後に銅，ニッケル，金と電気めっきし回路部を形成する。そうして，めっきレジストを剥離し，レジストの下に残っている無電解銅を溶解し完成する。

この方法では，金めっき後にめっきレジスト及び無電解銅の除去工程が入るため，金めっき表面が汚染されやすい。

しかし，当社では無電解銅除去後の洗浄工程を工夫することで，金めっきを清浄な状態に保つ

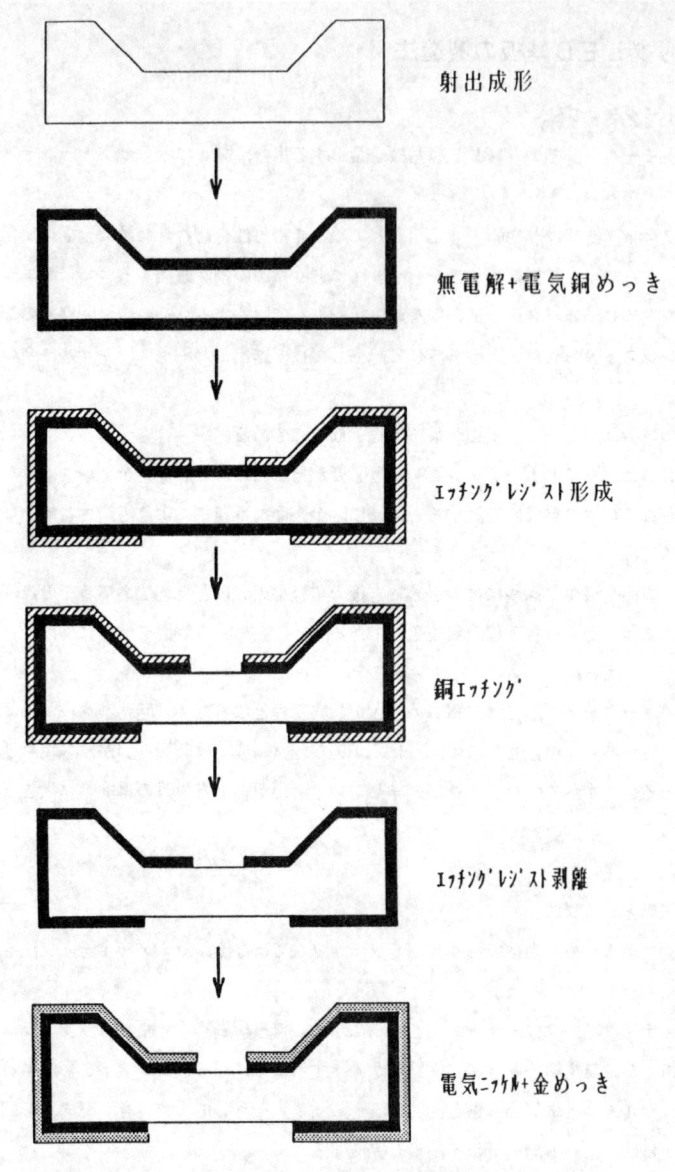

- 射出成形
- 無電解+電気銅めっき
- エッチングレジスト形成
- 銅エッチング
- エッチングレジスト剥離
- 電気ニッケル+金めっき

図4　サブトラクティブ法製造工程

ことを可能にした。

セミアディティブ法では,めっきレジスト層の下にも無電解めっき層が存在するため,基板内の導通を考慮してパターン設計を行う必要はない。従って,サブトラクティブ法に比べてより複雑なパターン形成が可能となる。

例えば,当社のオリジナル基板による,3色用のパターンは,サブトラクティブ法では形成が困難であるが,セミアディティブ法ではマスクパターンの変更のみで作製することが可能である。

射出成形

無電解銅めっき

めっきレジスト形成

電気めっき(銅+ニッケル+金)

めっきレジスト剥離+無電解銅除去

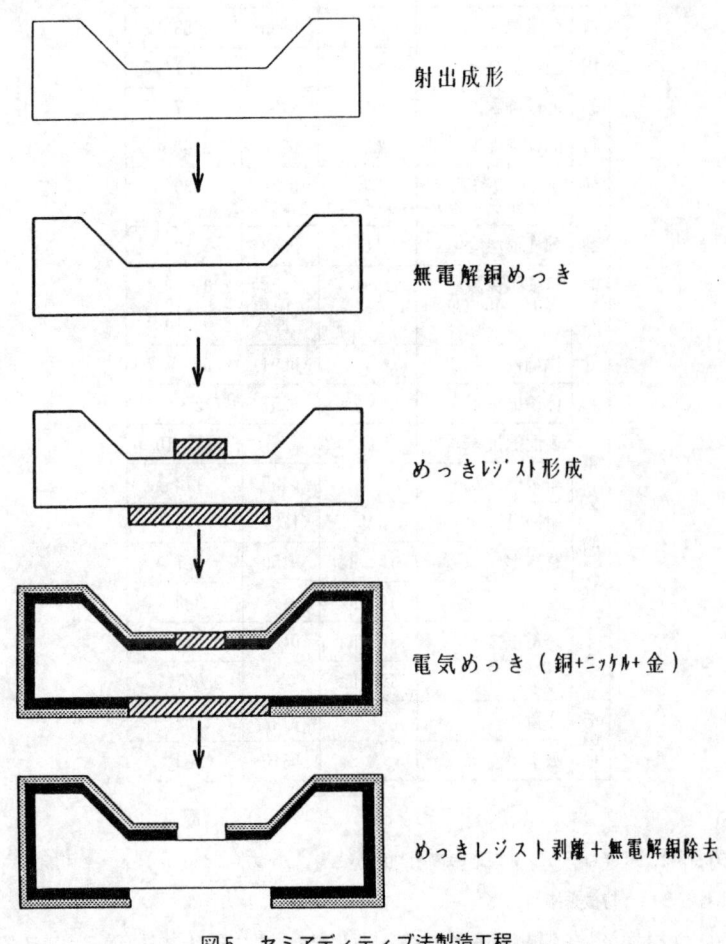

図5 セミアディティブ法製造工程

5.3 使用材料

当社で使用している材料は，ポリプラスチックス社製の液晶ポリマー「ベクトラ」のめっきグレードC820である。この材料の諸特性を表2に示す。

表2 ベクトラC820の諸特性

	特 性	単 位	測定法(ASTM)	測定値
機械的特性	引張強さ	MPa	D638	88
	引張伸び	%		2.7
	曲げ強さ	MPa	D790	117
	曲げ弾性率	MPa	D790	8300
	アイゾット強さ(ノッチ付き)	J/m	D256	39
熱的特性	熱変形温度	℃	D648	210
	線膨張係数(30〜240 ℃)	cm/cm/℃		流動：2.8×10^{-5} 直角：7.0×10^{-5} 厚さ：8.9×10^{-5}
	燃焼性		(UL94)	V-0
電気的特性	体積抵抗率	Ω・cm	D257	1.5×10^{16}
	表面抵抗率	Ω		3.1×10^{16}
	耐アーク性	s	D495	178
	耐トラッキング性	V	(IEC)	175
	誘電率	10^6 Hz	D150	4.7
		10^{10} Hz		3.9
	誘電正接	10^6 Hz	D150	0.014
		10^{10} Hz		0.007
その他	比重		D792	1.92
	吸水率	%	D570	0.03

　この材料は，リフローハンダ対応の高耐熱性があり，かつワイヤボンディング可能なめっき面が得られるという特徴を持つ。
　さらに，吸水率が少なく線膨張係数も金属に近い値を示すため，信頼性の高いチップ部品を作製することが可能である。

しかし，このように優れた性質を有するベクトラであるが，めっきグレードを扱うためには，流動性に関して注意が必要である。

液晶ポリマーは，一般的には非常に流動性が良く，薄肉成形に適する材料とされている。しかし，めっきグレードでは，めっき密着性を確保するために，多量の充塡材を加えているため，他のグレードに比べて流動性は劣る。

図6に，ベクトラのめっきグレード（C820）と一般グレード（C130）の流動性比較データーを示す。このように，他グレードの30〜40％程度の流動長となっており，製品設計時に注意が必要である。

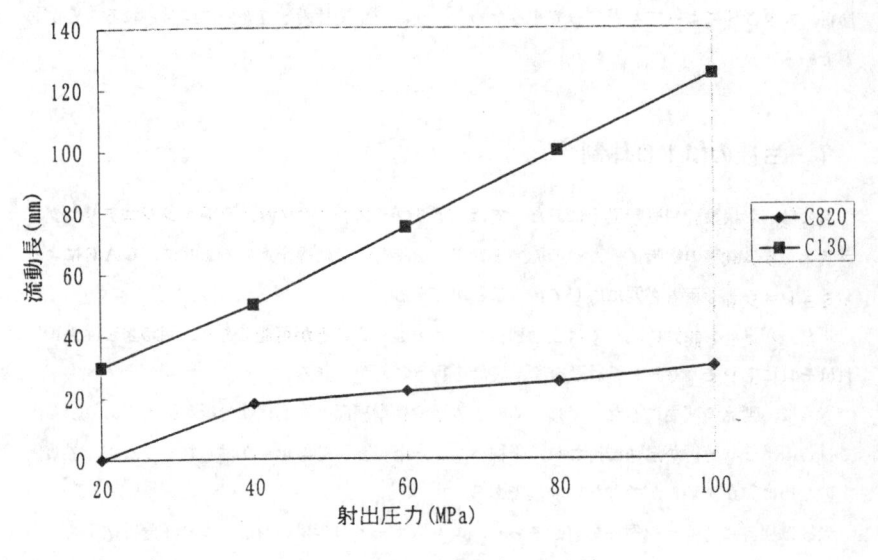

図6　ベクトラ棒流動長（t＝0.5mm）

6　MIDのデザインルール

当社MIDのデザインルールを表3に示す。

最小厚さは成形品の大きさにもよるので，成形品が小さい場合には，さらに薄肉が可能である。

斜面への回路形成は60°までを標準としている。これ以上の角度では，斜面からの反射光が底面に影響を及ぼす。この影響を無視できるように回路デザインを行えば，80°まで可能である。また，垂直面は通常全面めっきが形成される。

最小ライン／スペースは，段差1.0mmまでは0.2/0.2mmであるが，一部(段差0.5mm)では0.2/0.15mmまで可能である。但し，段差が大きくなると光の回り込みのため最小ライン／スペースは大きくなり，段差1.0～2.0mmでは0.3/0.3mm。それ以上の段差では，今のところ回路形成の実績はない。

また，現在対応可能なめっきは，電解金，電解銀，電解ニッケル，電解銅，無電解銅であるが，これ以外のめっきについても必要に応じて取り組む体制は整えている。

めっき剥離強度は5.9N/cm以上で，通常は7.8N/cm程度である。しかし，通常，ケミカルエッチングの状態は成形品の表面状態により異なるため，この値は製品形状や成形条件に大きく依存するので注意が必要である。

なお，ここに掲載しているデザインルールは，一つの目安であり確定的なものではない。製品形状，大きさ等によっても異なってくるため，詳細は製品設計段階で充分に検討されることが必要である。

7　当社のMID体制

当社は，形状設計や樹脂選定にあたっては，ポリプラスチックス㈱，三菱エンジニアリングプラスチックス㈱等の樹脂メーカーの協力を仰ぎ，樹脂特性の把握を進めると共に，CAEによるシミュレーション等も必要に応じて行うことができる。

また，パターン設計に関しては当社独自に設計を進めることが可能であり，回路図を提供頂ければそれに応じてパターン設計及び製品設計を行うことができる。

さらに，製品の開発にあたっては，めっき表面や樹脂表面の局所状態分析が必要であり，量産ではこのような分析が迅速に行われ，工程へフィードバックを素早くかけられることが，品質向上のために欠かすことができない要素である。

当社は独自に分析センターを有しており，エキスパートの素早い対応により，分析結果をいち早く得ることができる体制となっている。

8．今後の展開

(1) 他用途への展開

現在はチップLEDの製造を主に行っているが，当社ではワイヤボンド可能な高品質のめっき面をセミアディティブ法で提供できる。この特徴を生かして，他の用途への利用を広げていきたい。

MIDは，多くの技術の融合の上になり立っている。従って，MIDを真に活用するために

は，製品設計の段階からMIDの特徴を生かしたデザインを検討していくことが重要である。

しかし，このデザインは単に形状を設計するだけでなく，パターンも同時に検討することが必要であり，さらに，使用される樹脂の特性やMID回路の特徴を充分に理解したうえで設計することが必要である。

そのため，MID化にあたっては，製品設計者と当社開発担当者が，開発の初期段階から綿密な連携をとって取り組むことが重要である。

(2) **形状の自由度増**

現在は60°を限界としているが，より複雑な形状に対処するために，できる限り90°に近づけたい。また，段差も2.0mm以上に対応して行く必要がある。

そのために，現在の露光法をさらに改良すると同時に，立体マスク法やレーザー露光法も含めた検討を進めている。

(3) **新成形材料の検討**

現在使用しているベクトラは，価格が高く比重が大きい。また，より薄肉化するには限度がある。

低コスト化のためにも，当然，新規材料の検討を進めることが必要である。

(4) **めっき種の検討**

現在は金めっきが主流であるが，低コスト化のためには，金めっきを薄くしたり，他めっきへの代替を進めることが必要である。

銀めっきに関しては，一部実用化されており，ワイヤボンディング性等は全く問題ない。

しかし，マイグレーション及び硫化への対策が必要であり，これらをユーザーと共に解決していくことが必要である。

これらを進めていくことで，当社のMIDをより広く認知していただき，またより一層，技術を研鑽し，MID市場拡大に貢献できるように努力していく所存である。

文　　献

1) 三菱ガス化学㈱　射出成形プリント回路（MID）電子材料, p.107～110, 10月（1989）
2) 第10回　最近のMID，SMT対応電子部品の材料特性, 精密射出成形技術と応用展開, プラスチック工業技術研究会（1996）
3) 岡崎淳他：MID技術を応用したチップ部品型LEDの開発，シャープ技報, p.52～54,

8 月（1994）
4） 鈴木俊之他：MID（成形回路）基板の開発，松下電工技報，p. 44～49，5 月（1995）
5） ポリプラスチックス㈱ 「ベクトラ」技術資料

第2編　ＭＩＤの応用展開

第7章　光通信機器へのMIDの応用

――　光加入者系終端装置モジュール用　――

樋口　努*

要　旨

　今後，拡大が予想される通信分野において，高速・大容量伝送の可能な光通信技術が注目を集めている。なかでも2010年に向けた光加入者通信網（FTTH：Fiber To The Home）の進展は，ここに来ていよいよ現実味を帯びてきた。しかし，この実現には解決しなければならない課題がまだいくつか残されている。その一つは，光加入者系終端装置（ONU：Optical Network Terminal Unit）の低価格化である。われわれも，パッケージの視点から，この心臓部となるONU光送受信モジュールの調査を進めてきた。

　今回，高速光通信とONUに要求されるモジュール仕様の違いを明らかにし，ONUモジュールに最適なパッケージの設計コンセプトを検討した。この検討結果に基づきパッケージモデルを提案・試作した。さらに，アセンブリー自動化の視点からMID（Molded Interconnection Device）技術を用いた独自の低コストパッケージも検討したので報告する。また，MID技術の応用と可能性についても述べる。

1　緒　言

　将来の高度情報化社会における通信容量の増加をにらみ，国内の主要通信幹線系はほとんど光ファイバーケーブルに置き換えられている。現在，FTTHの実現を目指し，研究が盛んに行われているが，加入者系光通信網はFTTB（Fiber To The Building）やπシステムといった一部用途向けシステムの実験がスタートしたばかりであり，まだ各家庭までは光通信化されていない。

　通産省の91年度版通信白書によれば，PDS（Passive Double Star）伝送技術の進展と，各家庭などに置かれるONU装置の低価格化により，1997年頃には光通信システムが実用化され，2010年までにはFTTHが実現される見通しであった。しかし，ONU装置の価格は，初期の実

---

*　Tsutomu Higuchi　　新光電気工業㈱　開発統轄部　AP開発部

験システムに用いられたもので60万円とあまりに高価であり，πシステムでは一戸当たりの負担が16万円程度まで軽減されたものの，高速・大容量情報サービスの対価として，ONU装置が一般家庭に普及するには，価格的にまだ大きなブレークスルーが必要である。このためFTTHの実現には，しばらく時間がかかるとみられている。

ONU装置の価格の中で大きな比重を占めるのが光送受信モジュールであり，その低コスト化がONU装置の価格を決定するといっても過言ではない[1]。

表1 ONUモジュールの機能素子と要件

発光・受光素子	高出力／高感度
LDドライバー	低消費電力
PDレシーバー	バースト信号受信高ダイナミクレンジ
WDM光分岐素子	低通過損高アイソレーション

表1にONUモジュールの主な機能素子と，その具備すべき要件を示した。

これら機能素子は，ONUモジュールの性能を左右するだけでなく，コストにも大きな影響を与えている。一方，高価なパッケージと，機能素子実装や外部ファイバー接続などパッケージ内外のアセンブリー方式も大きなコスト要因である。

そこで，高速光通信とONUのモジュールに要求される仕様の違いを検討し，その結果をもとにパッケージモデルを提案した。さらにアセンブリー自動化を考慮して，MID技術を取り入れた独自の低コスト化ONUモジュール用パッケージを提案したので以下に報告し，要素技術であるMIDの可能性についてもふれる。

2 ONUモジュール機能と低コスト化へのアプローチ

図1は光加入者系PDS伝送方式と伝送信号の流れを示し，図2は先に開発されたONUモジュールの基本構成を示した。

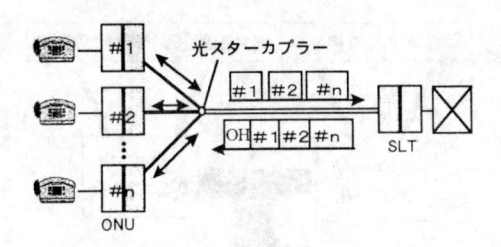

図1　PDS伝送方式

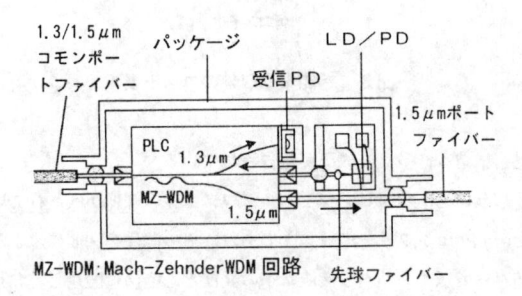

図2　ONUモジュール構成[2]

2.1　ONU用光送受信モジュールの基本機能

ONUモジュールに要求される機能は，光送受信機能と光・電気相互変換機能である。その流れを詳しくみると，まず，波長1.3/1.55μmの信号光が中継局終端装置（SLT：Center Line Terminal Unit）から送られ，光ファイバーケーブルを通って，各家庭に分配される。ONUモジュールのコモンポートに入った受信光は，平面光導波路（PLC：Planer Light Wave Circuit）の波長多重合分波（WDM：Wave Length Division Multiplexes）回路で1.3μm光と1.55μm光に分けられる。1.3μm光は受信用PD素子で電気信号に変換され，通信データに利用される。また，1.55μm光はモジュール外部へ導出され，映像データに利用される。次に送信データは，LD素子で電気信号から波長1.3μm光信号に変換され，PLCからファイバーケーブルを逆進してSLTに送られる。

2.2　モジュール低コスト化へのアプローチ

ONUモジュールに用いられる主な機能素子と，その周辺技術の開発は，低コスト化をにらみ多方面で盛んに行われ，テーパー型導波路付きLD，デバイスの高精度パッシブアライメント，ウェハープロセスによる量産化を狙った石英系MZ型WDM，およびPLCプラットホームによ

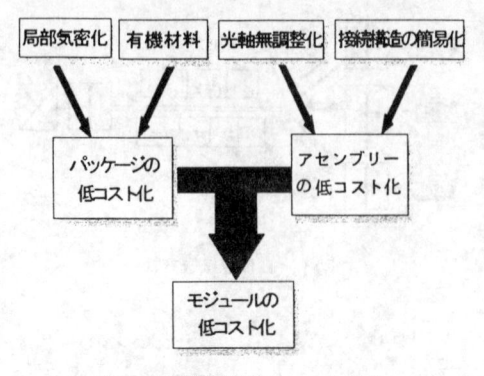

図3 機能素子以外のコスト要素

るデバイスの光結合構造等，多くの成果が報告されている[3-5]。

一方，機能素子以外にも，ONUモジュール低コスト化の課題が残されている。それは高いパッケージコストと，光アセンブリーの難しさであり，その関係を図3に示した[6]。この課題は相互に関連しているだけでなく，個々の機能素子の発展とも密接に関連しており，単独では解決できない。

3 機能からみたパッケージのコスト要因

高速光通信モジュール用パッケージは，幹線系を中心に高速高周波対応を主眼に発展してきた。その一例を写真1に，モジュールの構成例を図4に示した。

以下に，高速光通信モジュールと，ONUモジュールのパッケージ設計コンセプトについて，要求機能や構造・材料等によるコスト要因の面から違いを述べる。

写真1 高速光通信モジュール用パッケージ

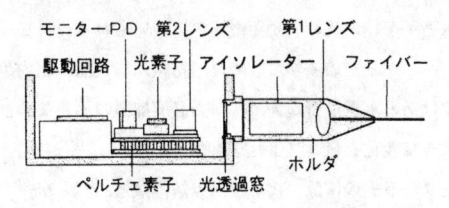

図4 高速光通信モジュールの構成

3.1 伝送路・構造設計

　高速光通信モジュール用パッケージは，光の高速性を生かすため，高速信号伝送が必要とされる。このため，伝送路には高速高周波対応のガラス端子やセラミック端子等の無機系誘電体材料が使われてきた。また，ビットエラー低減のため，構造体にメタル系材料を用い，シールド効果を持たせた。

　ONUモジュールも，光送受信を行う点では高速光通信モジュールと同じであり，パッケージは光素子と外部との電気的な接続機能が必要である。しかし，一般家庭で扱うデータ容量はさほど大きくなく，ONUモジュールのパッケージ伝送路には，高速性を重視した構造や材料を考慮する必要はない。

　また，シールド性やGND・電源の安定化も必要ではあるが，メタルフレームにする必要はなく，機能素子の収納保護に重点が絞られてくる。そこで，パッケージには有機系材料の使用が可能となり，後述する材料間の熱膨張差によるストレスの問題も軽減できる。

3.2 放熱設計

　長距離光伝送用高速光通信モジュールに実装する高出力LD素子は，発光に伴う温度上昇により光出力が変化する。そのため，常に温度制御が必要になり，サーミスターとペルチェクーラーがパッケージ内に搭載される。また，発熱を外部に放出するため，パッケージには，熱伝導性の良い金属材料が使われる。

　このメタルフレームパッケージは，壁面を構成する金属部品と伝送路に使用する無機系材料間の接合温度が高いため，パッケージに機能素子を実装する際，アセンブリー温度を比較的高く設定できる。その反面，材料間の熱膨張歪みをそのまま背負うことになり，パッケージの反りや気密性等信頼性の確保が難しい。また，内蔵するペルチェクーラー上にLD素子を搭載するため，パッケージのフレーム部品は高背化し，組み立て作業を一層難しくするだけでなく，高い加工精度が要求される。このように，熱膨張歪みを考慮した高価な金属材料の使用や複雑な組み立て作業，高精度の部品などが，コストを押し上げている。

一方，ＳＬＴと加入者宅を結ぶ比較的短距離通信に用いられるＯＮＵモジュールには高出力ＬＤ素子が不要であり，パッケージの放熱設計では，材料，構造面の制約が少ない。

また近年，高出力ではあるが低消費電力で，かつ温度補償の不要なＬＤ素子が開発され，パッケージ設計に2つの大きな変化と低コスト化をもたらした。

1つ目は，ペルチェクーラーの排除による部品点数削減と，パッケージの低背化である。

2つ目は，さほど高い放熱性が必要ないため，フレームに安価な有機系材料が，また，ＬＤ素子実装用ベースには放熱性に優れ比抵抗が小さく，かつ低コストな銅系やアルミニウム系合金材料が採用できる点である。

3.3 光結合

高速光通信モジュールにおける光結合系の問題は，複数の光学部品をそれぞれ光軸調整し，位置決めしなければならない点であり，高コストの要因となっている。

パッケージの光入出力部は，低損失な光透過と，気密性が必要であり，サファイアウィンドウ等の高価な窓用部材を使った特殊な加工が必要である。素子端面から出射した光を，この窓を通してファイバー端へ高効率で結合させるため，多段のレンズ系が使用される。このレンズ系は，ファイバー端と素子間のトレランス確保，そして光軸調整精度の緩和に比較的有効であった。しかし，高価なレンズ系の多用やパッケージ構造の複雑化によりコストを押し上げ，同時に光学部品ごとに3次元光軸調整が必要なため，組み立て自動化の障害となっている。

一方レンズを介さずに，光ファイバーと光素子（ＬＤなど）を直接付き当て，光結合を行うバットジョイント法は，高い位置合わせ精度が必要である。ＯＮＵモジュールは，光合分波の必要性からＰＬＣを用いる場合が多く，パッシブアライメント構造を施した，ローコストで高精度なバットジョイント光結合技術が使用されている[7]。

また，ＰＬＣプラットホームを用いたハイブリッド光集積回路の研究も進んでいる。ＰＬＣに光素子搭載のためのオプティカルベンチ機能と，ヒートシンクおよび電気配線基板としての機能を備えたものが，ＰＬＣプラットホームである。これに光素子を搭載し，ファイバーと接続すれば，基本的なＯＮＵ機能がレンズを用いずに実現でき，実装される機能素子の最小単位を，ＰＬＣとファイバー接続部だけにすることが可能である。このため，パッケージは容量の減少と低背化により，大幅な小型化とコストダウンが可能になる[8]。

3.4 気密性

上にも述べたが，高速光通信モジュール用パッケージは，その要求特性から，放熱構造部品，光学部品（レンズ等）や光素子等，多くの部品を内蔵し，同時にそのすべての部品を高気密に保

持しなければならない。

しかし、気密性が必要な部品は光素子だけであり、気密封止領域を光素子周辺もしくは素子のみとすることができれば、気密容量は減少しパッケージコストは下がる。

その一例として、図5に示す局部気密封止法が報告されている[9]。これは、先にあげたPLCプラットホームを用いたハイブリッド光集積回路に光素子を実装後、ハンダ、または樹脂接着剤を使い、シリコンやガラス製キャップで簡易に気密封止する。

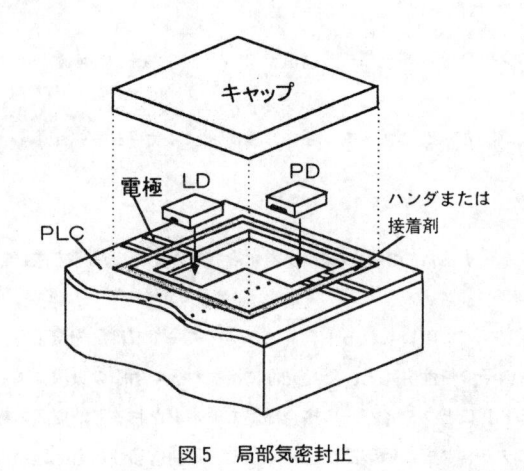

図5　局部気密封止

この封止法のメリットは、PLCへの光素子実装と封止をパッケージ外部で行うため、パッケージ材料にアセンブリー温度を考慮する必要がなく、また吸湿性の点から高速光通信モジュール用パッケージでは使用できなかった樹脂材料が採用できる点である。また、PLC等の保護だけでパッケージの気密性は必要ないため、構造の簡易化も可能である。

4　低コスト化パッケージモデル

前節で述べてきたとおり、高速光通信モジュールに用いられるパッケージ設計の延長線上で、低コストなONUモジュール用パッケージを開発することは難しい。

そこで、機能からみたパッケージのコスト要因を踏まえて、ONUモジュールのコストダウンを検討した。その構造を図6(a)に、また実際に試作したパッケージモデルの外観を図6(b)に示した。以下にその設計コンセプトについて述べる。

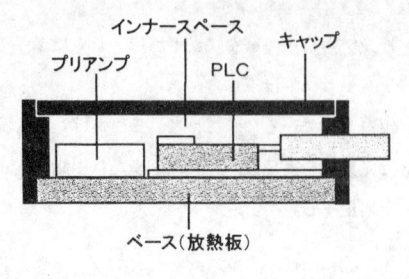

(a) 低コストONUモジュール構造　　　(b) パッケージモデル外観

図6　低コストモジュール構造とパッケージモデル

4.1　中空構造

構造材料を低コスト化するため樹脂の採用が考えられるが，その成形方法には注意が必要である。

従来のICアセンブリーに用いられるトランスファーモールドは，光素子を樹脂で包み込むため，成形温度による素子の特性劣化と，受発光面に接する透明樹脂の吸湿による光透過性劣化の問題がある。また，PLCとファイバーの接合部がモールドされると，周囲の樹脂との熱膨張差から，この接合部にクラックまたは破断が起きるなど，長期信頼性にも問題がある。トランスファーモールド技術を用いるためには，光素子受発光端面の高信頼性パッシベーション膜や，モールド内におけるPLCと光ファイバー接続部の安定性が解決されなければならない。それまでの間，当面は光素子，PLCおよびファイバーを収納できる中空構造を持ったプリモールドパッケージを使ってモジュール化する必要がある。

今回試作したパッケージの特長は，モールド成形する際，あらかじめパッケージ内部に空間を作り，ここに後から機能素子を実装することである。このため，機能素子にパッケージ成形温度は影響せず，PLCと光ファイバー接合部周辺も空間を確保でき，樹脂との熱膨張差による破損も回避できる。

また低価格なPBT樹脂の採用と量産効果で，パッケージコストを大幅に抑えられる。

4.2　封止法

受発光素子がPLCに局部封止されているため，パッケージは外部から侵入する塵ホコリを防ぐ程度で十分である。そこでパッケージフレームと同じ樹脂で成形したキャップを，樹脂接着剤で接合する。この方法は短時間，かつ低温で作業できるため，従来のメタルフレームパッケージ

に比べ，アセンブリーを容易にし，デバイスへの熱負荷を軽減できる。

4.3 電気的接続

外部との電気的な接続は，成形性，導電性に優れた一般的な銅系リードフレームを用いている。

しかし，ＰＬＣ表面の電気接続パッド面と，インナーリード面を最短でワイヤー接続するためには，この２つの面を同一平面にする必要がある。このためＧＮＤとなる金属ベース面は，ＰＬＣの厚さ分だけリード面より下げなければならない。

このベース面とリード面の段差を電気的に接続するには，ワイヤーボンド，リードフレームの段付き成形や，モールド成形型の工夫等が考えられるが，大幅なコストアップとなる。また，実装スペースの確保とＧＮＤ・電源強化の面から，パッケージ内部での導通が望ましい。そこで，モールド成形時にインナーリード面下部に形成されるサポートピン穴を利用して，リード面とベース面を結ぶＧＮＤ ＶＩＡ接続構造を考案した。この方法は，金属ベース取り付けに使用する接着剤を導電性樹脂に変更し，サポートピン穴へ充填するもので，その構造を図７に示した。

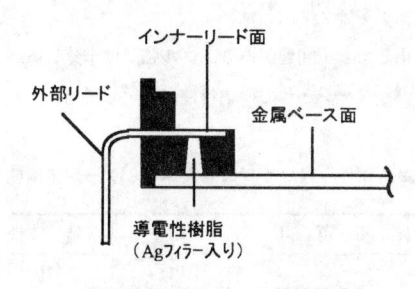

図7 ＧＮＤ ＶＩＡ接続構造

5 アセンブリーからみた低コストパッケージの提案

ＯＮＵモジュールの問題点には，まだ2.2項であげたアセンブリーの難しさが残されており，自動化を検討するうえで大きな障害となっている。

機能素子をパッケージ内へ実装する際，光がパッケージ側壁部を貫通する構造にすると，ファイバー端処理か，光透過窓の構造が必要になり，透過部を基準に各部品の光軸調整を行わなければならず，パッケージ上面からの素子組み込みが難しくなる。また，ピッグテールタイプのモジュールを基板実装する際，端面から出ているファイバーが邪魔になり，他の電子部品のようにマウンター等を使用した自動化が困難である。

この2つの課題をパッケージの視点から検討し，新しい要素技術を取り入れた独自のONUモジュール用パッケージを提案した。その一例を写真2に示し，以下にその設計コンセプトについて述べる。

写真2　ONU用MIDパッケージ

5.1　要素技術と諸特性

パッケージの設計にあたっては，MID技術を採用した。これは，樹脂成形体表面にめっきを施し，パターニングで3次元配線回路を形成する技術である。MID技術を用いて今回試作したパッケージの諸特性評価結果を表2に示した。

ワイヤーボンドの条件出しに若干問題があり，プル強度は十分な値が得られていないが，その他のONUモジュール用パッケージとしての諸特性は満足している。

表2　試作ONUモジュール用パッケージ諸特性

評価項目	単位	特性
T_g	℃	170
ハンダ耐熱	℃	>250
曲げ強度	kg/mm^2	20
吸水率（23℃*24h）	%	0.01
誘電率（1MHz）		3.8
絶縁抵抗（23℃）	Ω－cm	>10^{15}
接合部導通抵抗	Ω	<0.3
ワイヤーボンドプル強度	g	>4.3
接合面剪断応力	kg/cm^2	>80
ハンダ濡れ性	%	>95

5.2 パッケージへのアセンブリー自動化

　このパッケージの特長は，自動化を考慮して短冊状のファイバーをガラスフェルールに組み込むことにより，光入出力部を部品化した点である。このため，部品点数は増加するが，光素子を局部封止したPLCと，短冊状のファイバー端を接続し，パッケージに組み込むことができる。また各工程は，すべてパッケージ上面からアセンブリーできるため，自動化が容易になる。図8にそのモジュール組み立ての概念を示した。

　またMID技術の採用により，特定パッドからベースにパターンを接続できる。このため，4.3項で述べたGND VIA等の特殊な導通構造は必要ない。

　今回試作したパッケージは配線パターンに高価な金めっきを施したため，コスト的にはまだ改善の余地はあるが，ほぼ目標としたパッケージコストのめどを付けることができた。

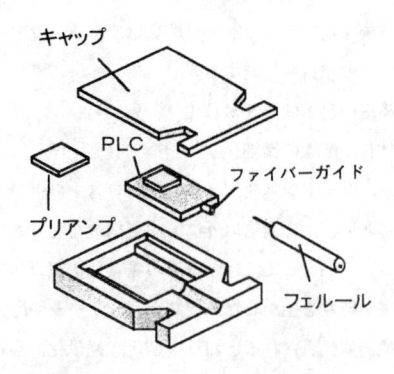

図8　モジュール組み立て概念図

5.3 モジュール本体の基板実装自動化

　モジュール本体を基板に実装する際に障害となるのは，外部ファイバーとの接続方法である。通常はモジュールから引き出した長いピッグテールファイバーと外部ファイバーをコネクターを介して接続する方法が用いられるが，このピッグテールファイバーがアセンブリー自動化の障害となる。

　ここでは光入出力部を部品化し，ピッグテールファイバーを，短冊状ファイバーに置き換えたため，LCC形態の表面実装部品（SMD：Surface Mount Device）として，マウンター等の自動機に乗せることが可能となった。

　また，外部コネクターとの接続部をパッケージに付け加え一体成形した。この接続構造により，モジュールを基板実装した後，コネクターをはめ込むことが可能となり，パッケージ先端とコネ

写真3　光接続構造化例

クターがスリーブを介して高精度かつ低損失で光結合される。
　写真3に光接続構造を持つモジュールと，コネクターの一例を示した。

6　MIDの応用と可能性

　以上のように，MID技術を用いたパッケージ開発は，従来のプリモールドパッケージにない特徴を持っており，以下にその項目を列記する。
・構造面：小型化，構造の自由度，SMD化
・機能面：配線の立体化，配線の微細化
・コスト面：多数個取り，リードレス化，イニシャルコストの低減

　一方，パッケージ分野において，光通信以外にも中空構造を必要とする別の用途があり，MID技術の応用が考えられる。一例として，自動車等の腐食性排気ガスを監視する圧力センサー用パッケージ，樹脂材料の電気特性を生かした高周波用パッケージや回路基板等がある。特に高周波用途では，近年の携帯機器に代表されるとおり小型化，軽量化，高性能化，そして低価格化が望まれており，それらの特性を持つMID技術を設計に用いる意義は大きい。そのためには，さらなる配線の微細化，多層化，簡易成形法の開発等が必要である。

7　おわりに

　今回ONUモジュール用パッケージの開発にあたり，高速光通信モジュール用パッケージに要求される仕様との違いを踏まえ，低コスト化を検討し，中空構造，封止法や電気的接続に特徴を持つパッケージモデルの提案と，アセンブリー自動化も考慮して，MID技術を取り入れた独自のパッケージを提案・試作した。そして，機能素子以外のコスト要因について，目標とした価格のめどを付けることができた。

　パッケージ分野へのMID技術応用はまだごく一部にすぎないが，その特徴を生かした用途開発の拡大は期待ができる。しかし，新しい要素技術の定着には多くの信頼性のあるデータと実績

が必要であり，着実に技術確立を進めていきたい。

文　献

1) 樋口，宮川：低コスト高信頼性パッケージ，回路実装学会誌，Vol. 10, No. 5, p. 289, AUG. 1995
2) H. Terui, T. Kominato, F. Ichikawa, S. Hata, S. Sekine, M. Kobayashi, J. Yoshida, & K. Okada : Optical module with a silica-based Planar Lightwave Circuit for fiber-optic subscribersystems, *IEEE Photonics Technol. Lett.*, Vol. 4, No. 6, p. 660(1992)
3) 山本，寺田，田中，小林，矢野：テーパ導波路レーザの導波路光結合特性，電子情報通信学会エレクトロニクスソサイエティ大会，信学技報，SC-1-4, p. 315(1995)
4) 伊藤：光デバイスのパッシブアライン技術，回路実装学会誌，Vol. 10, No. 5, p. 302, AUG. 1995
5) 佐々木，浜本，竹内，林，牧田，田口，小松：選択ＭＯＶＰＥによる双方向ＷＤＭ通信用光集積素子，電子情報通信学会エレクトロニクスソサイエティ大会，信学技報，SC-1-6, p. 319(1995)
6) 樋口，宮川：低コスト光通信用パッケージの実現，表面実装技術，p. 28, 1996-7
7) 樋口：ＯＮＵモジュールの低コスト化技術，エレクトロニクス実装技術協会，ＳＨＭ Internepcon特別セミナー予稿，JAN. 1997
8) 野澤：マルチメディア時代に向けた光通信用部品技術の動向，日本電子材料技術協会，光・半導体デバイス委員会研究会 (1996. 6. 21)
9) 山田，鈴木，森脇，日比野，東盛，赤津，中須賀，橋本，照井，柳沢，井上，赤堀，長瀬：ＰＬＣプラットホームを用いたＷＤＭ光送受信モジュールの構成法，電子情報通信学会エレクトロニクスソサイエティ大会，信学技報，SC-1-11, p. 329(1995)

第8章　MIDを応用した高速伝送用コネクター

湯本哲男[*1]，萩原健治[*2]

概　要

　伝送信号の高速化に伴い，コネクター等の回路接続デバイスに対しても良好な高周波特性が求められている。今般，筆者らはMIDプロセスを適用し，コネクターのインシュレーター表面を導電処理することにより，信号伝送路を同軸構造とした高信号対グランド比7：1，ピッチ2.54mmのDINコネクターを試作した。このMIDコネクターは，特性インピーダンスを50Ωに調整しやすく，クロストークも既存DINコネクターに比較して1／5～1／3に抑えることができる。

　本稿では，このMIDコネクターの評価結果，技術的課題について報告する。

1　はじめに

　コンピューターをはじめとする電子機器のめざましい高速化，大容量化に伴い，伝送信号の高速化，すなわち高周波化が進んでおり，MPUソケットや各種バス用，I／Oインターフェイスコネクターに対しても伝送損失が少なく反射，クロストークノイズを抑えた，伝送品質の優れた高周波特性が要求されてきている。

　そこで，疑似同軸構造やストリップライン系構造を備える，新しいコンセプトに基づき設計されたコネクターが登場し始めている。しかし，こうしたコネクターは一般に構造が複雑化し，特にグランド用コンタクトは列ごとに異なる形状にせざるを得ない場合が多く，製造コストの上昇を招いている。

　一方，高速伝送を意図した設計がなされてはいない既存コネクターで対処する場合には，信号ピン間の特性ばらつきを抑制するとともに，クロストークの低減を図るため，グランドに割り当てるコンタクトの比率を上げることが行われる（例えば信号，グランドを交互に1：1に配置）が，信号線利用率の低い不経済な，高密度実装要求にも反する使い方になってしまう。

---

* 1　Tetsuo Yumoto　三共化成㈱　技術部
* 2　Kenji Hagiwara　日本航空電子工業㈱　コネクタ開発本部

こうした状況を鑑み，筆者らは高速伝送用コネクターのコスト低減，信号利用率の改善に対するMID技術応用の可能性を探るべく，MIDプロセスにより導電処理されたインシュレーターをランドとする，同軸構造を備えたDINコネクターを試作した。

2　コネクター構造

今回試作したコネクターを図1に示す。これは基板 to 基板用2.54mmピッチ，ダブルロウ32芯のDINコネクターをベースとしたもので，既存のDINコネクターとも完全嵌合互換性を有している。このうち4芯はグランド接続用（位置固定），残り28芯は信号伝送用，つまり信号：グランド＝7：1とし，信号利用率を高めている。

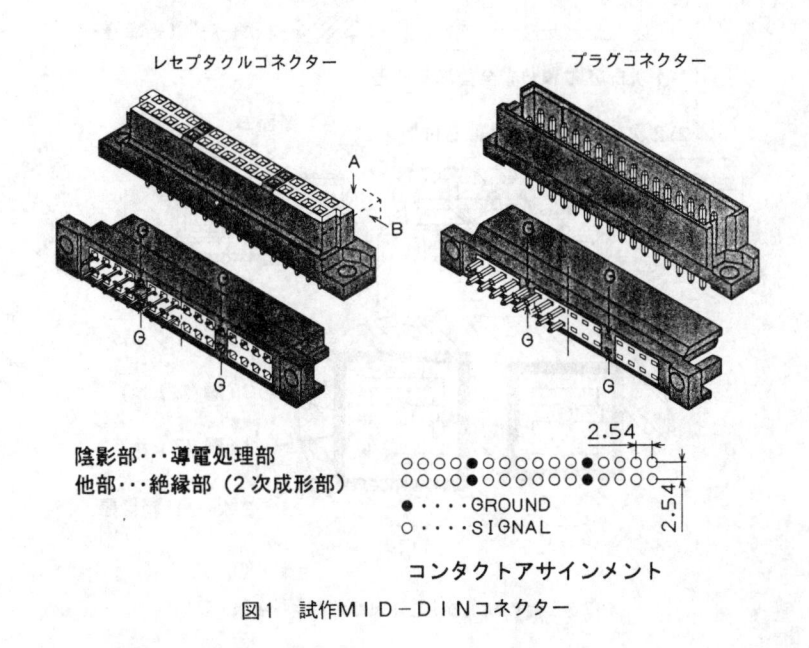

図1　試作MID-DINコネクター

2.1　レセプタクルコネクター

レセプタクルコネクターの構造を図2に従って説明する。まず，信号用ソケットコンタクト格納角穴，およびグランド用コンタクト圧入孔を有し，コネクター外郭を形成するLCP製1次モールドブロックの全表面（格納穴，圧入孔内面も含む）をMIDプロセスによりメタライズし，これをグランドブロックとする。次に，信号用コンタクト格納穴内面にのみ2次成形加工により

LCP製絶縁層を成形し，コネクターハウジングが完成する。信号用コンタクトは格納穴絶縁層内に圧入・保持される。グランド用コンタクトはグランドブロック圧入孔に直接圧入され，両者は電気的に低インピーダンスにて接続される。したがって，コネクターを基板へ実装し，グランドコンタクトを基板グランドに接続した際，ブロック全体がグランド電位となる。このとき，個々の信号コンタクトはそれぞれグランド電位にある角穴に囲まれることになり，同軸構造型の信号伝送路が形成される。

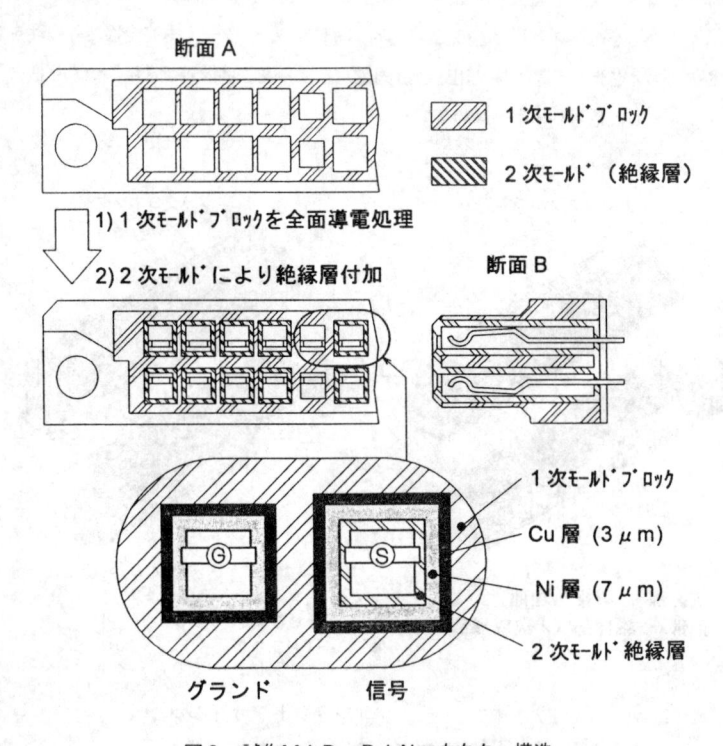

図2 試作MID-DINコネクター構造

同軸構造は特性インピーダンスのコントロールが比較的容易であり，信号線間がシールドされるためクロストーク抑制にも有利な構造である。もちろん，輻射ノイズ抑制，侵入防止効果向上も期待できる。

また，全信号・グランドコンタクトは同一部品であるうえ，一括圧入も可能であるため，低製造コスト化が図れる。

2.2 プラグコネクター

プラグコネクターも同様の構造である。やはり，ハウジングは全面メタライズされ，信号コンタクトは圧入部において同軸型信号伝送路を形成している。

3 高周波特性評価

本節では試作MIDコネクター（以下，MIDコネクター），これと同一の信号・グランドピンアサイン（図2参照）で使用する際の既存DINコネクター（以下，既存コネクター）の特性インピーダンスZ_0分布，伝送波形，クロストーク評価結果比較を通して，その実力を検証する。

測定系の基準インピーダンスは高周波回路に一般的な50Ωとし，パルス入力信号の立ち上がり時間t_rに対する上記特性を評価する。評価コネクターはZ_0=50Ωのマイクロストリップラインに実装し，すべての信号コンタクトの入出力部は50Ωで終端する。

3.1 特性インピーダンス分布

伝送線路の特性インピーダンスZ_0は信号・グランド間隔，形状，材質等により決まる信号線の自己インダクタンスL，対グランド容量Cにより$Z_0=\sqrt{L/C}$で与えられる。コネクター内Z_0分布のばらつきを抑え，かつ伝送系のZ_0に一致させることは反射ノイズ発生を抑えることはもちろん，全高周波特性向上を図る基本である。

まず，TDR法により観測したMIDコネクターのZ_0分布（t_r=50ps）とZ_0値変化を図3に示す。各信号コンタクトの対グランド電磁界分布は，同軸構造部において同一（同一断面形状となるから）であるため，信号線位置による特性差は少ないことがわかる。完全に一致しないのはもちろん製造公差にもよるが，基板取り付けリード部付近で同軸構造が崩れるためである。Z_0不整合は立ち上がり時間500ps以上の範囲で－5Ω以内にある。

(a) TDR ($t_r = 50$ps)

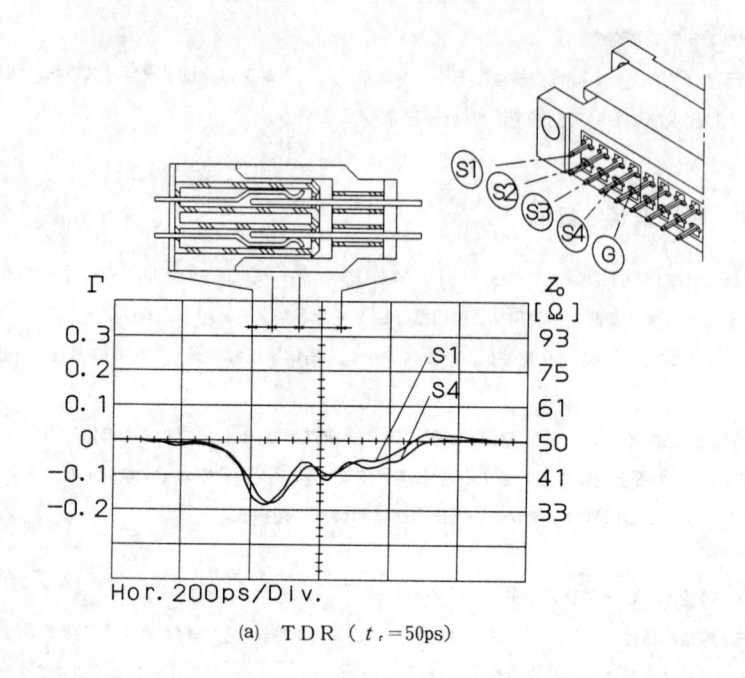

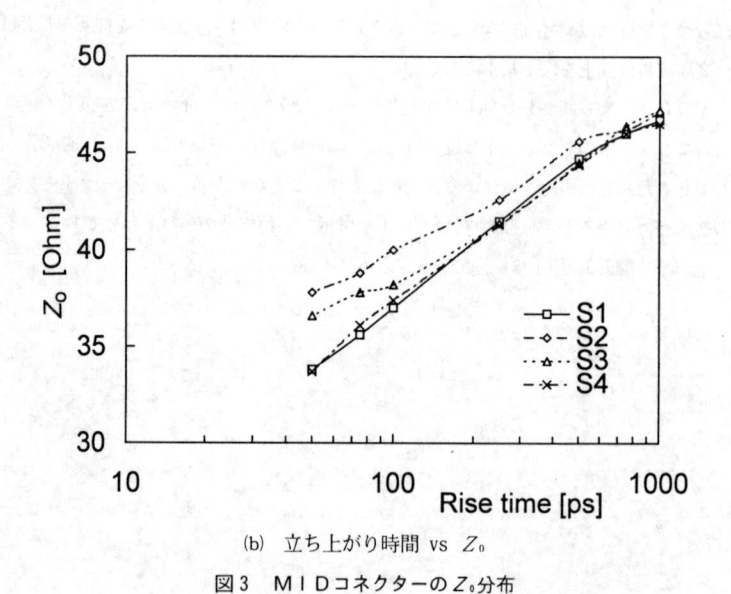

(b) 立ち上がり時間 vs Z_0

図3 MIDコネクターのZ_0分布

既存コネクターのZ_0分布観測結果を図4に示すが，信号コンタクトごとのZ_0ばらつきが大きいことがわかる。これは，信号コンタクト位置によりグランドコンタクトとの間隔が異なるためで，グランドから遠ざかるにつれ容量が減少し，Z_0が上昇している（信号#4→#1）。立ち上がり1ns以上の範囲においても5Ωを越える不整合が認められる。

(a) TDR ($t_r = 50$ps)

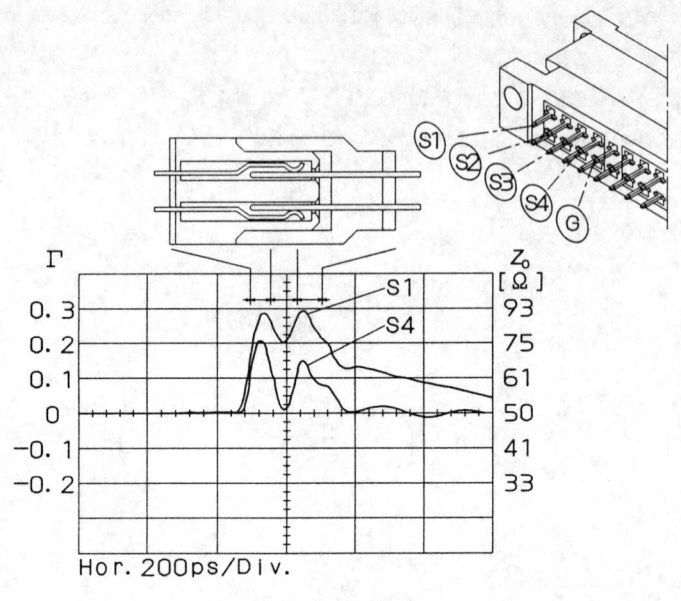

(b) 立ち上がり時間 vs Z_0

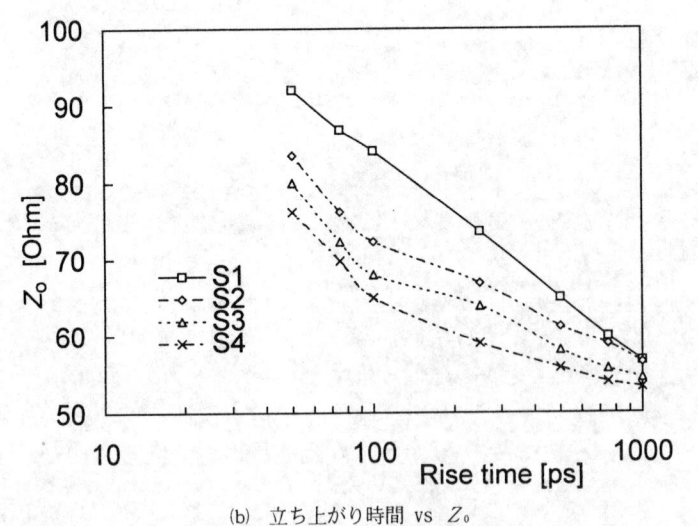

図4 既存コネクターの Z_0 分布

3.2 伝送波形,立ち上がり時間変化

MIDコネクターの各信号コンタクトごとの伝送波形(t_r=50ps)と,立ち上がり時間変化を図5に示す。立ち上がり部の劣化は,グランドコンタクトから遠いコンタクトほど目立つ結果となっている。単一コンタクトドライブ時の立ち上がり部劣化の要因としてはZ_0不整合がもたらす反射ノイズによるものや,周波数依存性抵抗損失(表皮効果による抵抗上昇)があげられる。この場合,信号間のZ_0分布相違は少なかったことから,後者が主因と考えられる。すなわち,グランドコンタクト圧入部から信号コンタクト#1,#2格納グランドに至るまでの帰還電流パスが長くなり,損失が増加することが原因と考えられる。

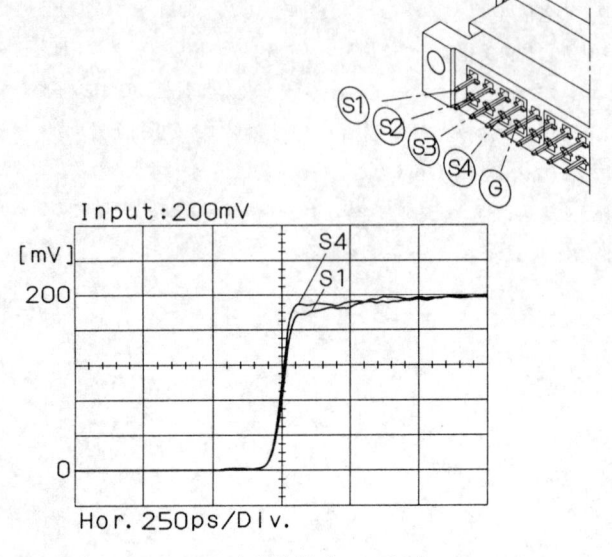

(a) 伝送波形（$t_r=50\text{ps}$）

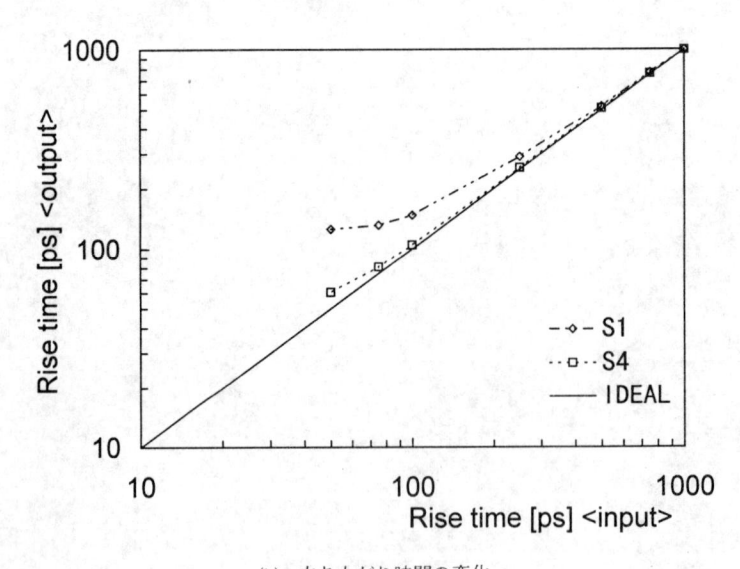

(b) 立ち上がり時間の変化

図5　MIDコネクターの伝送特性

信号コンタクト#4は立ち上がり50ps伝送信号に対してもほとんど影響を与えない。また，条件が厳しい信号#1でも立ち上がり500ps以上の信号伝送性能を持つ。

既存コネクターの観測結果を図6に示す。立ち上がり劣化は信号コンタクト#4→#1へと大きくなり Z_0 不整合の度合に対応している。特に信号#1の伝送波形には多重反射波による影響が明瞭に現れている。信号#4は#1に優るものの，MIDコネクターには及ばない。このように，信号コンタクトごとに特性が異なる場合には，高速信号ほど信号#4近傍へ割り当てるなど，信号配置法に注意する必要がある。

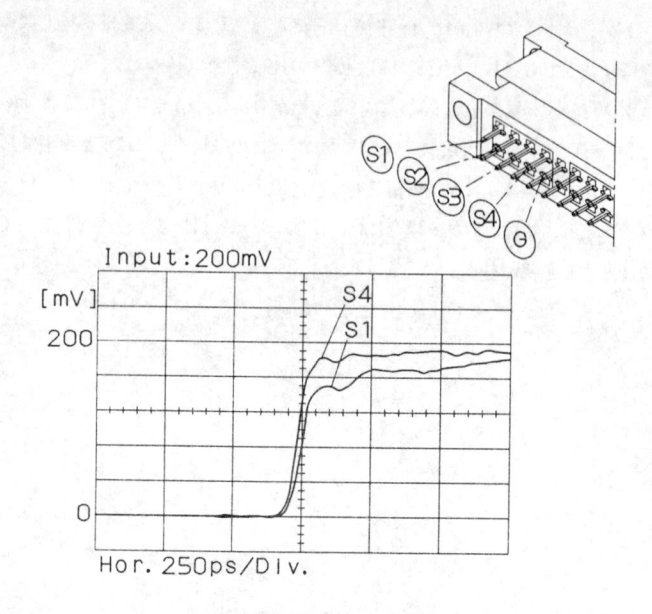

(a) 伝送波形 ($t_r = 50\text{ps}$)

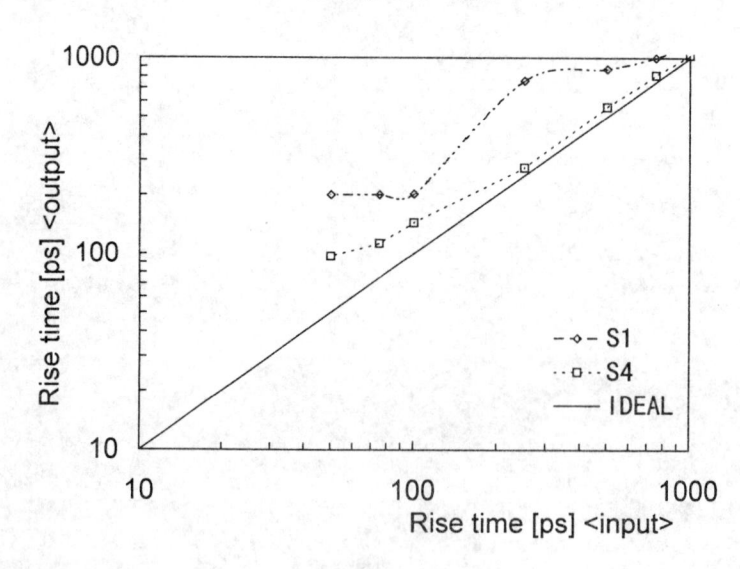

(b) 立ち上がり時間の変化

図6　既存コネクターの伝送特性

3.3 クロストーク特性

ここでは，隣接信号コンタクト間の近端クロストーク（Near End Cross Talk, NEXT）測定結果を紹介する。

多線条系の厳密なNEXT解析を行うには，連立結合微分方程式をMODAL理論に従って解かねばならないが，定性的には2線間のNEXTピーク値予測に使われるNEXT係数K_bで論じることができる。

$$K_b = \frac{1}{4} \cdot \left[\frac{L_m}{\sqrt{L_1 L_2}} + \frac{C_m}{\sqrt{C_1 C_2}} \right]$$

L_m：相互インダクタンス　C_m：線間静電容量
L_1, L_2：信号線#1, #2の自己インダクタンス
C_1, C_2：信号線#1, #2の直接対グランド静電容量

NEXTを抑えるためにはL_m，C_mを小さくすることはもちろん，対地容量を大きくすることも効果がある。同軸構造では隣接信号線間がシールドされるためC_mが極めて小さくなる。また，グランド部には信号と逆方向へ帰還電流が流れるので，信号線間の鎖交磁束が減少しL_mも小さくなる。このためクロストーク抑制には最適な構造である。

図7に隣接・対向コンタクト間のt_r=50ps時におけるクロストークピーク値を示す。クロストークは対向間より隣接間の方が大となる傾向がある。これは隣接間の方が圧入部におけるコンタクト間ギャップが小さく，C_mが大きいためである。さらに，グランドコンタクトから遠い信号線間ほどクロストークは悪化するが，これは直接対グランド容量が小さくなるためである。

(a) MIDコネクター

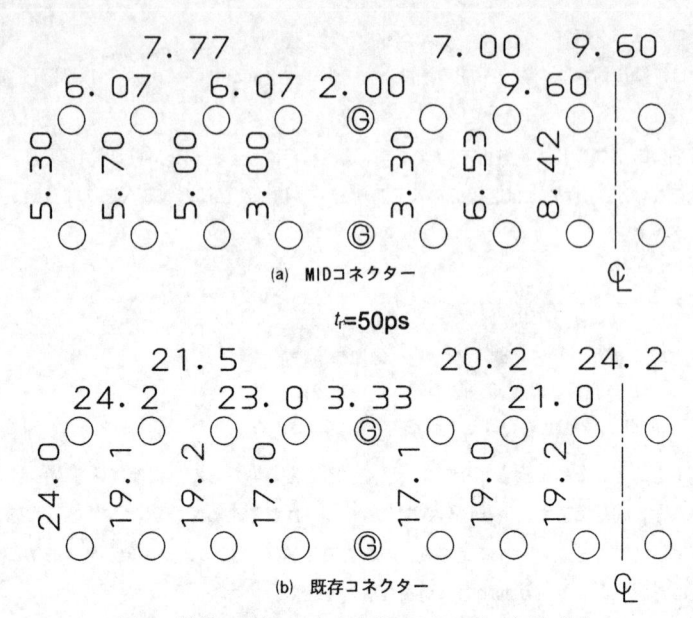

上段配置: 5.30, 5.70, 5.00, 3.00, (G), 3.30, 6.53, 8.42
値(上): 6.07, 6.07, 2.00, 9.60
最上: 7.77, 7.00, 9.60

t_r=50ps

(b) 既存コネクター

上段: 24.0, 19.1, 19.2, 17.0, (G), 17.1, 19.0, 19.2
中: 24.2, 23.0, 3.33, 21.0
最上: 21.5, 20.2, 24.2

図7 隣接・対向コンタクト間NEXTピーク値〔%〕

図8に t_r=50ps時における最悪ペア間のクロストーク波形を示す。MIDコネクターの波形には2つの鋭いピークが現れているが，これは同軸構造が崩れるコネクター両端の基板リード付近での結合成分である。ピークに挟まれた領域は同軸構造部における結合で，小さな値に抑えられている。既存コネクターでは，結合がコンタクト全長にわたり発生するため，25%近くに上る大きな単一ピークが現れている。

図8　NEXT波形（t_r =50ps）

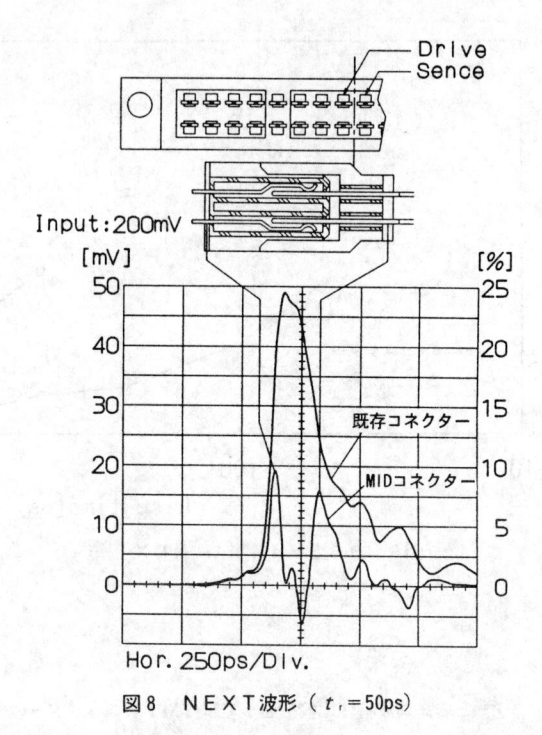

　図9に立ち上がり時間とNEXTの関係を示す。既存コネクターのクロストークは，立ち上がり時間により変化するがMIDコネクターの3〜5倍にも達しているのがわかる。許容値を3％とした場合，MIDコネクターは立ち上がり時間500psまで使用できるが，既存コネクターでは1nsにおいても5％を超えるNEXTを覚悟しなければならない。

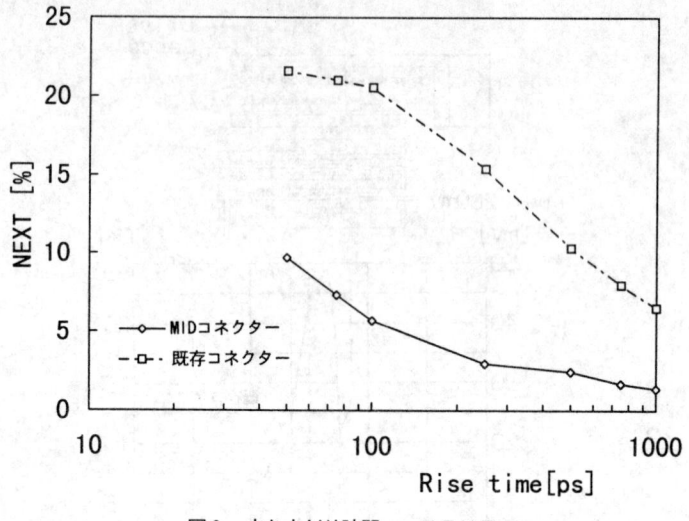

図9　立ち上がり時間 vs NEXT

4　まとめ

　以上，既存コネクターとの高周波特性比較を通して試作MIDコネクターの優位性，特にクロストークの低減効果が大きいことを示してきた。これら評価結果をもとに，今後はストリップライン等の新構造を手掛けていきたい。
　製品化に際しては以下の技術課題の検討が必要である。
・電磁界シミュレーターを活用した，より Z_0 整合の優れた構造設計
・コモングランド形式が特性へ及ぼす影響
・高周波損失とメタライズ層構成の関係
・最適なグランドコンタクト配置
・多信号線同時ドライブ時の特性
・耐久性，耐候性

　今後，MIDが高速伝送用コネクターの有力な技術となることを期待している。また，新製法，低損失材料情報を注視しながら波形整形機能等の高付加価値を持つコネクター開発へ向け，MID技術の広範な応用を図っていきたい。
　本稿は，K.HAGIWARA, T.YUMOTO, "MID APPLICATION TO HIGH SPEED TRANSMISSION CONNECTOR",

p.73, Proceeding MID '96 #2 International Congress Molded Interconnection Devicesに若干の修正，邦訳をしたものである。

第9章　携帯電話用ＭＩＤ内蔵アンテナと耐熱プラスチックシールドケースの開発

馬場文明[*1]，今西康人[*2]，新矢　敏[*3]

1　はじめに

　携帯電話やＰＨＳ，ページャなどの移動体通信機器は，世界中で広範な用途にわたって普及が急速に拡大している。これらの移動体通信機器，特に携帯電話では，機器の容積および重量の低減が大きな課題である。図1は携帯電話の容積と重量の変化を示しているが，この10年間で容積および重量は約1／5に減少している。携帯電話の可搬性を向上させるためには，今後も容積と重量の低減が重要である。さらに，バッテリーの使用時間延長に対して市場からの強い要求がある。これらの要求に対しては，携帯電話を構成するすべての部品を小型軽量化し，性能を向上させる必要がある。

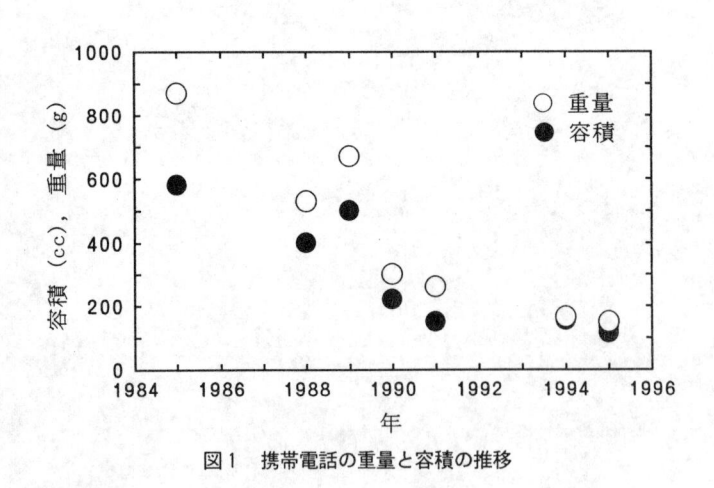

図1　携帯電話の重量と容積の推移

---

* 1　Fumiaki Baba　三菱電機㈱　先端技術総合研究所
* 2　Yasuto Imanishi　三菱電機㈱　通信システム統括事業部
* 3　Satoshi Shinya　三菱電機㈱　通信システム統括事業部

MID(Molded Interconnect Devices)技術は，プラスチックの成形品に3次元で導電パターンを形成することにより，電子部品を小型化し，特性や品質を均一に製造できる可能性を有する新しい技術である。これらの特長は，先に述べた携帯電話の小型軽量化などの要求を満足させることができる。

ここでは，携帯電話における内蔵アンテナへのMID技術の適用と，このMIDアンテナの特長を十分に発揮させる耐熱シールドケースとの直接ハンダ付け組み立てについて報告する。

2 内蔵アンテナのMID化

ダイバティ受信機能を有する携帯電話は，外部アンテナと内蔵アンテナの2つのアンテナを有する。内蔵アンテナは，逆F型の形状を有し，放射板，誘電体，接地板から構成される。

従来の内蔵アンテナは，写真1に示すように複数の金属パネル（放射板，接地板）とプラスチック誘電体から構成され，シールドケースを含む無線部回路部へは給電線路と接地板で接続されていた。

図2は携帯電話の構成[1]を示す。携帯電話は，フロントケース，無線回路部，バックケースから構成される。キーパッド，表示パネル，マイク，スピーカーなどの操作に必要な部品はフロントケースに組み立てられる。無線回路部は，信号処理を行うプリント基板が1組のシールドケースの中に納められている。内蔵アンテナは，このシールドケースの外側に配置される。また，バックケースはバッテリーと外部アンテナを保持する機能を有する。

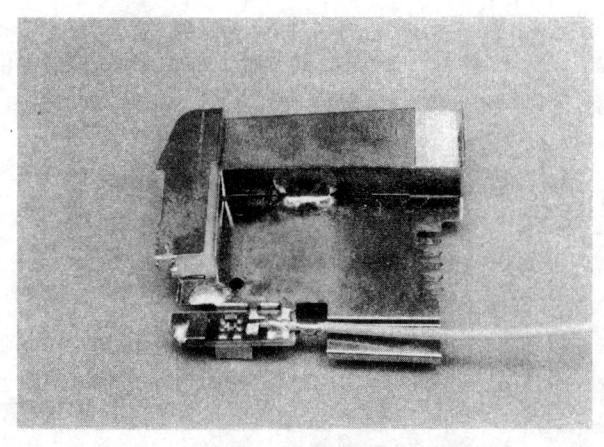

写真1 内蔵アンテナ（従来構造）の外観

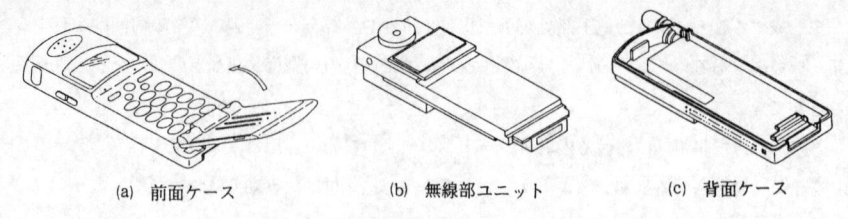

(a) 前面ケース　　(b) 無線部ユニット　　(c) 背面ケース

図2　携帯電話の構成（MOVA DⅡ）

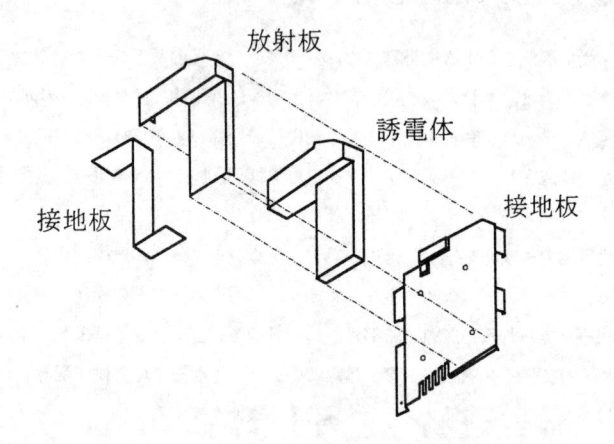

図3　内蔵アンテナ（従来構造）の構成

　従来の内蔵アンテナは，図3に示すように，主要部品として1枚の放射板と2枚の接地板および低誘電正接のプラスチック誘電体から構成されていた。これらの多数の部品から構成されているため，従来の内蔵アンテナには，以下の課題があった。
① 多数の部品から構成されるために，組み立て製造に長時間を要する。
② 組み立て精度にバラツキが生じやすく，調整作業が必要となる。
③ 給電線路と放射板，接地板への電気的接続がハンダ付けのため，プラスチック誘電体には耐熱性のある樹脂を必要とする。
④ 位置を正確に固定するために，複数の個所でシールドケースに固定する必要がある。
　内蔵アンテナへMID技術を適用することにより，内蔵アンテナが持つこれらの課題を解決することが可能となる。
① 低誘電正接の成形品に放射部と接地部をメッキパターンで形成することにより，内蔵アン

テナを1個の部品とすることができる。
② アンテナ特性の均一性は成形品精度とパターン精度に依存するため、非常に優れる。
③ 耐熱性に優れるプラスチック成形材料を使用することにより、電気的接続に直接ハンダ付けの使用が可能となる。
④ 直接ハンダ付けはシールドケース上の機械的位置固定も可能とする。

この、MID技術を内蔵アンテナに適用するために、成形材料とプロセスを次のように選定した。

① 耐熱性が高くメッキ性に優れる基体材料を使用する必要があり、フィラー入りのLCP（液晶ポリマー）を採用。
② 3次元のメッキパターンの精度を確保するために、メッキ性樹脂と非メッキ性樹脂の2段成形を用いるSKW法[2]を採用。

写真2は、MIDプロセスにより製造した内蔵アンテナの外観を示す。このアンテナは、260℃30秒以上のハンダ耐熱性を有し、放射部と接地部のパターン精度は、3次元で0.01mmと優れている。

写真2　MID化内蔵アンテナ

3 耐熱プラスチックシールドケース

携帯電話の信号処理回路の電磁シールドは，図2に示したように，一般に2枚のシールドケースにより構成されている。シールドケースには，金属シートまたはメッキしたプラスチックの成形品がよく用いられ，金属シートの場合は，薄い金属シートが所定の形状に板金加工されて使用される。金属シートの場合，シールドの効果は$10\mu m$以下の厚みで十分であるが，形状を保持するために数十倍の厚みが必要となる。また，金属シートの場合，厚板を使用するとその重量も大きな問題となる。

シールドケースにプラスチックを用いた場合は，射出成形により任意形状の成形が可能となるため，軽量化と構造強度に優れる反面，電磁シールド性と耐熱性の付与が課題となる。また，プラスチックは金属に比較して比重が小さいため軽量化に有利であるが，軽量化を達成するためには流動性に優れた材料で，薄肉成形を行う必要がある。

3.1 シールドケース用プラスチックの選定

ガラスや無機フィラーで強化した結晶性プラスチックは，耐熱性（熱変形温度）と流動性に優れるが，一般に比重（密度）が大きい。これに対して，非晶性プラスチックは，比重が結晶性プラスチックに比較して小さく，一般に熱変形温度が低く，流動性に劣る。

ハンダ耐熱に優れるプラスチックとしては，スーパーエンジニアリングプラスチック（スーパーエンプラ）であるLCP（液晶ポリマー）やPPSのフィラーやガラス繊維強化グレードがあるが，比重が非常に大きい欠点がある。

3.2 シンジオタクチックポリスチレン

シンジオタクチックポリスチレン（S-PS）XAREC[3]は，図4に示すようにベンゼン環が主鎖に規則正しく交互に並んだ新しいプラスチックである。一般に使用されているポリスチレンは，アタクチックポリスチレン（A-PS）であり，ベンゼン環が主鎖に不規則に結合している。S-PSは，非晶性のA-PSと異なり結晶性を示す。S-PSはエンジニアリングプラスチック（エンプラ）としての優れた物性バランスとエンプラおよびスーパーエンプラの中でTPX（4-メチル-1ペンテンポリマー）に次ぐ小さな比重（図5）を示す。

S-PSを携帯電話のシールドケースに適用するためには，優れたメッキ性と流動性が要求される。このため，メッキ性を向上させるために特殊なゴムを分散させるとともに，流動性と耐熱性を両立させるためにガラス繊維と特殊無機フィラーを充填した新しいグレードを開発した。この特殊ゴムとガラス繊維，無機フィラーの組み合わせは，メッキ性，熱変形温度，流動性の特性

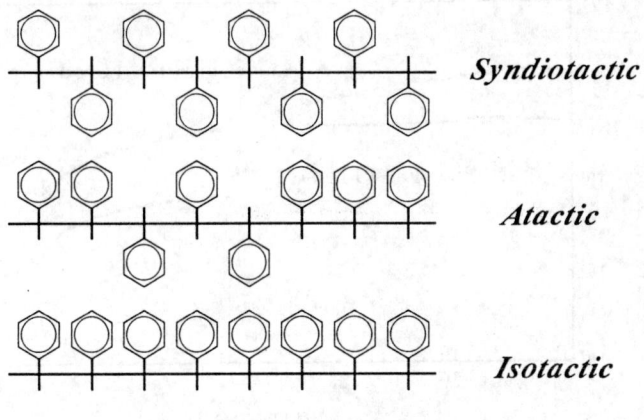

図4　ポリスチレンのタクティシティ

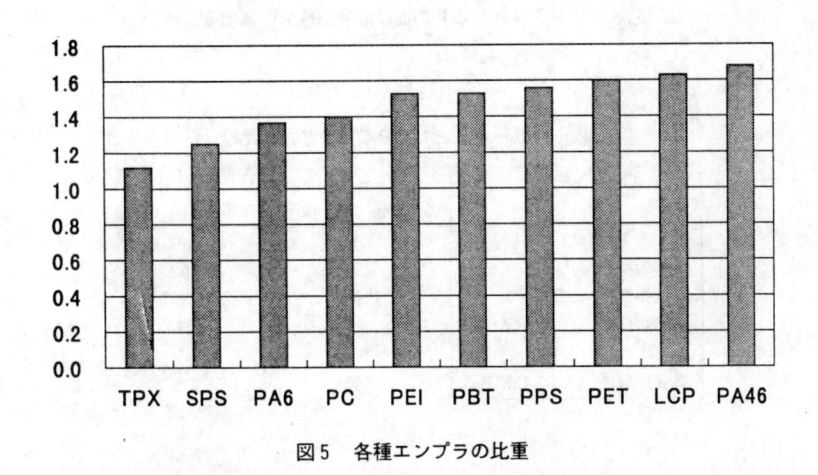

図5　各種エンプラの比重

バランスに最も優れる。新しく開発したS－PSは，シールドケースに必要とされるメッキ密着強度（ピール強度），ハンダ耐熱性，薄肉流動性のすべてを満足する。

図6は，ガラス繊維強化S－PSとフィラー充填LCPの動的曲げ貯蔵弾性率の温度依存性を示す。S－PSは約100℃にガラス転移温度を持つため，100℃を超えると急激に弾性率が低下するが，100℃付近ではLCPとほぼ同等の高い弾性率を示す。また，ガラス転移温度を超えると急激に弾性率は低下するが，いったん低下した後は融点に近い260℃付近までほぼ同じ弾性率を保持することが特長である。表1に機械的特性と物理的特性の代表的な物性値を代表的なLCPであ

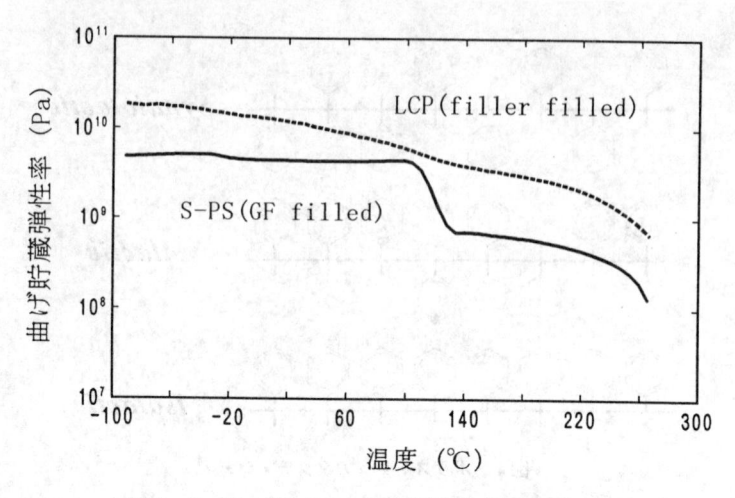

図6 S-PSとLCPの曲げ貯蔵弾性率の温度依存性

表1 S-PSとLCPの代表的物性比較

	S-PS XAREC (GF 強化)	LCP VECTRA C820
比重	1.11	1.92
曲げ強度 (MPa)	174	162
曲げ弾性率 (MPa)	13962	22307
線膨張係数 (10^{-6}) MD	31	27
TD	95	55
熱変形温度 (℃/0.45MPa)	266	275

るベクトラ[4]と比較してまとめた。S-PSは,高荷重下の熱変形温度はLCPに比較して劣るものの,低荷重下 (0.45MPa) での熱変形温度は266℃と高く,LCPに遜色ない値を示す。また,比重がガラス繊維を充塡しているにもかかわらず1.11と小さい値を示す。

300℃における溶融粘度のせん断速度依存性を図7に示すが,S-PSは流動性に優れるLCPに比較してもさらに低い溶融粘度を示し,優れた流動性を示す。

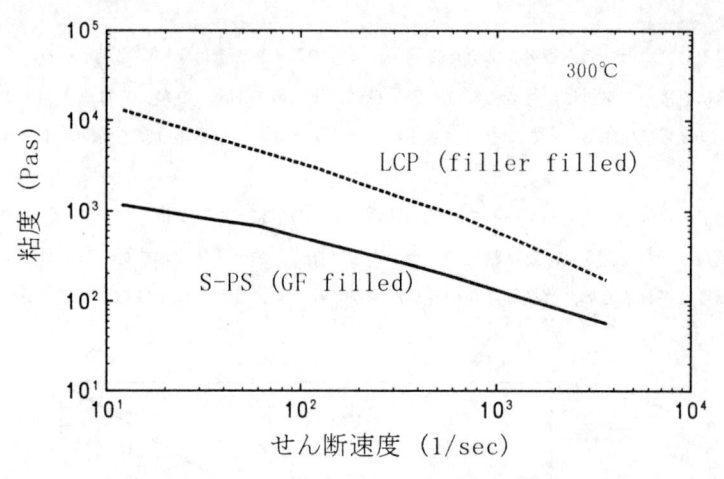

図7　S－PSの溶融粘度のせん断速度依存性

4　携帯電話への応用

　MIDプロセスによる内蔵アンテナとS－PSを採用したシールドケースの携帯電話への適用は，多くのメリットがある。写真3は新しい内蔵アンテナとこの内蔵アンテナをハンダ付けしたシールドケースを適用した携帯電話を示す。

写真3　MIDアンテナとS－PSシールドケースを採用した携帯電話

ＭＩＤプロセスの内蔵アンテナへの適用により内蔵アンテナは1個の部品となり，シールドケースに直接ハンダ付けが可能となり，部品点数は1／5に削減できた。また，アンテナユニットを約30％軽量化することができた。さらに，アンテナユニットの組み立て時間は1／3に減少した[5]。

　成形品形状と3次元パターンの精度に優れるＭＩＤ内蔵アンテナは，アンテナ特性のバラツキも低減させた。図8は，形状精度のバラツキと共振周波数の変化を示すが，ＭＩＤアンテナは形状精度に優れるため，共振周波数の変化が非常に小さく，優れた均一性を示している[6]。

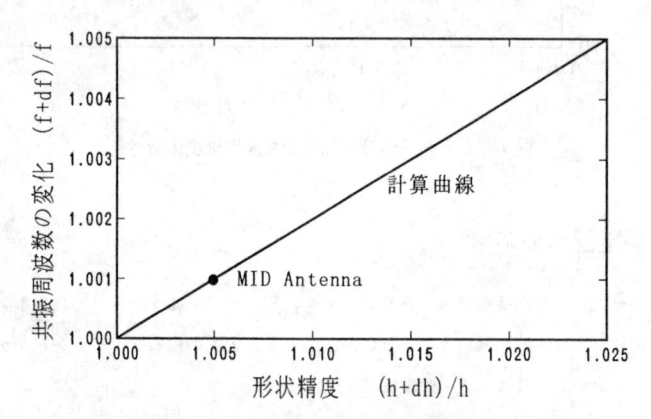

図8　内蔵アンテナの形状精度と共振周波数変化（1.28GHz）

5　おわりに

　ＭＩＤプロセスと新しい耐熱プラスチックは，携帯電話の小型軽量化と性能向上に大きく寄与した。今後も，携帯電話を含め，多くの種類の移動体通信機器の開発が進められると考えられるが，ＭＩＤが小型軽量化と高性能化に寄与することは間違いない。さらに，エンプラは機械的特性と電気的特性のバランスに優れているため，移動体通信機器の主要材料になると考えられる。これらのことから，ＭＩＤとエンプラの組み合わせが，移動体通信機器や携帯情報機器の主要な技術として大きく期待される。

文　　献

1) 粟生 他：三菱電機技報，Vol.68，No.12，6（1994）
2) 溝呂木 他：成形加工，Vol.1，No.2，127（1989）
3) 技術資料：「XAREC」，出光石油化学（1996）
4) 技術資料：「VECTRA」，ポリプラスチックス社（1994）
5) 三菱電機技報，Vol.70，No.1，32（1996）
6) F. Baba et al.：#2 International Congress Molded Interconnect Devices, 99（1996）

第10章　非接触熱源による
　　　　　ＭＩＤのはんだ付け施工技術

山路俊一*

1　緒　　言

1.1　ＭＩＤの概要と動向

　ＭＩＤとはMolded Interconnect Deviceの略称であり「三次元成型回路部品」を意味する。その発祥は約10年前に遡るが，当時は技術面での優秀性は認められていたものの，コスト面やその他の要因により一時期下火になっていた。しかしながら，最近の電子機器とりわけ情報機器を中心とする周辺技術の進歩とも相まって，再び脚光を浴びだし「ＭＩＤ研究会」なるものも発足した。
　今後は，携帯電話等を中心とする機器の小型化，軽量化に伴って，ますます注目の度を増すものと思われる。
　「ＭＩＤ」に関する詳細な説明に関しては，本書の他章にまかせるとして，ここでは本題を説明する上において，必要な項目のみ次項に整理しておきたい。

1.2　「ＭＩＤ」の目的と種類

　「ＭＩＤ」とは三次元の射出成型品に導電体の配線パターンを施した部品を称しており，①電子機器の小型・軽量化，②部品の点数の削減，③結線部品（ハーネス）の削減，④製造工程の簡素化等を目的としている。その構造面から大きく２つに分類できる。
　＜ＭＩＤの構造面における分類＞
① 成型品の外面に通電パターンを形成するもの
　　成型品（樹脂）の外部表面にメッキ（銅メッキ＋金メッキ等）を施し，通電パターンを形成するもの。メッキ厚は，10〜70μmと通常のメッキ厚より厚い。
② 成型品の内部に導電性金属（Ｃｕ，Ｂｓなど）を埋め込んだもの
　　主に結線材料（ハーネス）を省くことを主目的とするため，金属の肉厚は0.5〜2.0mmのものを埋め込んでいる場合が多い。

---

*　Shyun-ichi Yamaji　松下産業機器㈱　溶接システム事業部

①の例は，熱可塑性の射出成型品を使用し，小型のものが多く現在「MID」と称せられている部品の主体をなしているものである。

それに対し，後者②は比較的前者①と比べれば大型パーツであり，使用される樹脂は必ずしも「熱可塑性」であるとは限らない。

したがって，従来から見られる単なる「モールド成型部品」ともいえるが，「目的」からいえば広義の「MID」ともいえるものであろう。

本稿においては後者も対象として記述していきたい。

1.3 「MID」の課題－「接合」

「MID」は，今後その活用が期待されるが，これを支えるテクノロジーは，①樹脂成型技術，②材料（樹脂および導電材料），③回路設計技術，④表面処理（メッキ）技術，⑤接合技術など多岐にわたっており，かつ，それらがコンカレントに進展していくことが必要となる。

特に「MID」は，それ自身では完成品たり得ず，他の部品類との「接合」が必要であり，その「接合方法」を選択あるいは開発せねばならない。

「MID」はその形状の特徴が「三次元」であるがゆえに，実装密度を上げるためにも，またその特質を最大限に生かすためにも，成型品の側面あるいは，段落ちの面，または斜めの面への「電子部品の接合」が必要となる。

「電子部品の接合方法」には大別して①機械的接合（ビス・ナット・カシメ）と②融接（ろう付け・はんだ付け・抵抗溶接など），③接着（導電性接着剤）があげられる。

1.4 MID接合方法の選択

現時点において，「MIDの接合」には前項に述べたように大別して3種類が考えられるが，各方法における長所・欠点について考察する。

(1) 機械的接合（ビス・ナット・カシメ）

基本的かつ簡単な接合方法ではあるが「MID」本来の目的は，①電子機器の小型・軽量化，②部品点数の削減であることを考慮すると適切ではない。また，カーエレクトロニクス部品等，継続的な振動の加わることによる緩みを嫌う個所に使用するのは適切ではなく，また「接触抵抗」のバラツキも懸念されるところであり，MIDの接合方法として適当であるとはいい難い。

(2) 融接（ろう付け・はんだ付け・抵抗溶接など）

「MID」の素材は「熱可塑性樹脂」であることを念頭に入れると高温が加わる「ろう付け」（高ろう付け）や，強い外力が加わる抵抗溶接も最適とはいえない。

MIDのような最新技術に対して，旧来から存在し目新しさはないが，「低温」で「外力」な

く，接合できる「はんだ付け」が消去法的に残ってくるのではないかと思われる。

(3) 接着（導電性接着剤）による接合

さらに，第三の接合方法である「導電性接着剤」についても，考察を加えておきたい。

旧来からの「はんだ」に加えて，導電性を有する「接合材料」として「導電性接着剤」があげられる。

一般的に，「導電性接着剤」の成分は銀Ａｇ80％とバインダーである樹脂成分（20％）とから成る。この導電性接着剤を接合部に塗布し，その後，一定時間加熱することによりバインダーをとばし，主成分であるＡｇ成分のみとするものである。したがって，導電性接着剤の硬化前の重量が20％減少した時点で，硬化終了となる。

現在，導電性接着剤の硬化条件は一律なものではなく，それを使用する工場のノウハウとなっているが，一例を紹介すると（150℃×10分＋390℃×30分）というものであり，390℃という高温下に少なくとも30分以上さらされなければならない点が大きな問題点である。

導電性接着剤によって接合される材料およびそれに付随する電子部品等の「耐熱性」が課題として残る。

逆にＭＩＤの基材ならびに部品の「耐熱温度」を上げようとすると材料コストを高騰ならしめる。したがって，この硬化条件が導電性接着剤の適用範囲に制限をもたらしているといえる。

前述のように，現行の代表的な接合手段を考察すると，消去法的ではあるが，最新のテクノロジーである「ＭＩＤ」を支える接合方法は，現在のところ旧来からの「はんだ付け」であるという皮肉な結論となる。これは「はんだ」という接合材料が有する特性に起因している。例として一般的に使用されている「スズ－鉛はんだ」を再確認するために，まとめてみると以下のようになる。

① 極めて低融点で溶ける金属であること
   ・スズ63％－鉛37％の共晶はんだは183℃で溶融する。
   ・ビスマス（Ｂｉ）やインジウム（Ｉｎ）等を混合するとさらにその温度は低下する。
   ・したがって，他の材質に熱影響を及ぼしにくい。
② 金属以外には付着しない（セルフ・アライメント効果を有している）
   ・導電性接着剤とは異なる点である。
③ 継ぎ手形状の精度が厳しくない（極端な事例としては，導線を互いに捩り合わせるだけでよい）
④ 接合をはずすのも簡単である ⎫
⑤ 設備自動化が比較的容易である ⎬「溶接」の場合と比較
⑥ 安価である…スズ－鉛合金 ⎭

⑦ 接合作業が比較的簡単である…「はんだゴテ」を用いてはんだ付け作業をマスターするのに多くの時間を必要としない。

以上のような「特性」を有するがゆえに、「ロー・テクノロジー」の分野に属するものの、依然として「最も優れた接合材料」の一つとして認められ、2000年を越える寿命を保っているゆえんである。

1.5 MIDの接合方法・「はんだ付け」の課題

前項において、MIDの接合方法で現在最も適しているものは「はんだ付け」であることの背景について述べた。

しかしながら、接合材料としては「はんだ」が適切であってもその「工法」において課題がある。それらについて以下に記す。

1.5.1 形状の問題

「MID」の特徴は三次元・立体形を形成していることにある。通常、「はんだペースト」を使用する場合、SMD部品をP板にマウントする前工程で、マスク・スクリーンを用いてはんだ塗布されている。

しかしながら、MIDの場合はんだ付けされるべき面が、同一面あるいは水平面に限られていないため、クリームはんだのマスク・スクリーンによる一括塗布が不可能である。

したがって、クリームはんだを使用する場合は、ディスペンサーを用いてのポイント塗布（あるいは線引き塗布）という形にならざるを得ない。

また、部品のマウント（リード部品の場合はインサート）においても、大量生産型・高速型のマウント機の使用は最適とはいえない。

1.5.2 温度の問題（一括はんだ付けの場合）

プリント配線板（PCB）の一括はんだ付けは、ウェーブフロー槽（リード部品）やリフロー槽（表面実装部品）を使用して行われる。

通常、ウェーブ・フロー槽における溶融はんだの温度、あるいはリフロー槽の加熱炉内設定温度は、使用されるはんだの溶融点より40～50℃高めに設定される。したがって、共晶はんだ（融点183℃）の場合は230～250℃とされている。

かつ、その熱容量は、被はんだ物（MIDおよび電子部品）のそれに比べて圧倒的に巨大である。したがって、一括はんだ槽によるはんだ付けを行う場合、MIDの基材ならびに接合する部品の耐熱温度を上げねばならず、コストプッシュのおそれがある。一方、最近では「環境保護」の観点より、「鉛フリーはんだ」が検討され、実施段階に近づいているという背景もある。「鉛」に代わる材料としては、銀（Ag）・銅（Cu）・アンチモン（Sb）等があげられるが、現在

のところ,共晶はんだ(183℃)に比べ溶融温度が30〜40℃上昇するというのが実態である。

溶融温度が上昇すれば,前述のようにウェーブ・フロー槽あるいはリフロー槽の設定温度も上げねばならず,260〜290℃のレベルとなり,被はんだ物の耐熱温度にとっては,好ましからざる方向に進むことを助長する傾向となっている。したがって,「MID」の接合方法として現状,適している工法は『局部のポイントはんだ付け』が比較的欠点が少ないと思える。

2 局部はんだ付け法・非接触熱源によるはんだ付け法

2.1 従来の局部はんだ付け法(はんだゴテ法)の問題点

従来,部品の局部はんだ付け(ポイントはんだ付け)といえば「はんだゴテ」による「接触式加熱法」が圧倒的に用いられていた。「はんだゴテ」は取り扱いが簡単で安価という大きな特長を有し,「はんだ」同様「シンプル・イズ・ベスト」というべき代表的な工具の一つであった。

しかし,高密度実装の進展あるいはラインの自動化に伴い
① 狭小な部位へのはんだ付けが困難
② コテ先(チップ)のメンテナンスが常に必要
③ 「接触」のバラツキによるはんだ付け結果がばらつく
④ 「コテ喰われ」によりはんだの余盛り量が一定しない
⑤ はんだゴテの漏れ電流や静電気による電子部品の破壊
など,「接触式熱源」であるがゆえの欠点があった。

そこで,当社は「はんだ加熱源」として非接触である「光」を採用した。現在「光」源として,①Xeランプと②レーザーダイオードの2種を開発している。

2.2 非接触・局部加熱装置(商品名:「ソフトビーム」)の概要

2.2.1 Xeランプ型

まず「Xeランプ型」加熱装置の構成と原理の概略について説明する。図1に示すようにXe(キセノン)ランプを楕円球ミラーの第一焦点に配置する。ミラーで反射された後に第二焦点に集光される。その集光部に光ファイバーの入射端面を固定し,集光された光エネルギーを専用のバンドルファイバーによって伝送する。

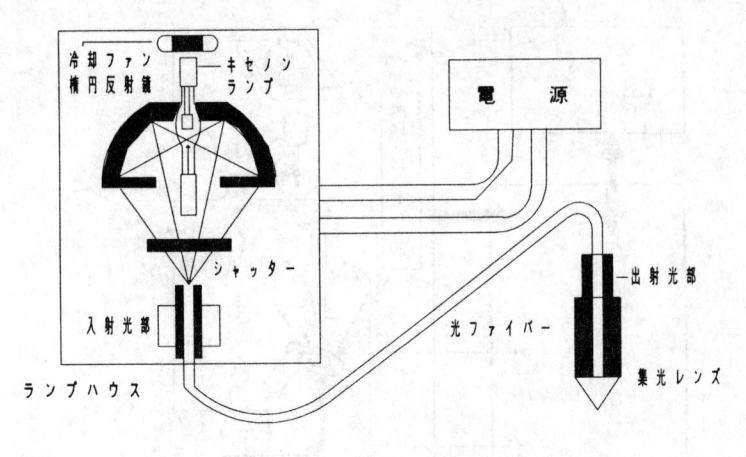

図1　ソフトビームの原理

　伝送された光は，ファイバー先端部にセットされた集光レンズにより絞られる。その絞られたビームポイントに，被はんだ物をセットする。
　「光ビーム」により，「被はんだ物」がはんだの融点以上に加熱され，「はんだ付け」が可能となる。
　専用のバンドルファイバーは，数種類準備されており，用途によって使い分けされているが，代表的なファイバー径は3.2mmϕ，5.0mmϕ，6.5mmϕの3種類である。
　次に図2に基づいて，構造の概略について説明する。

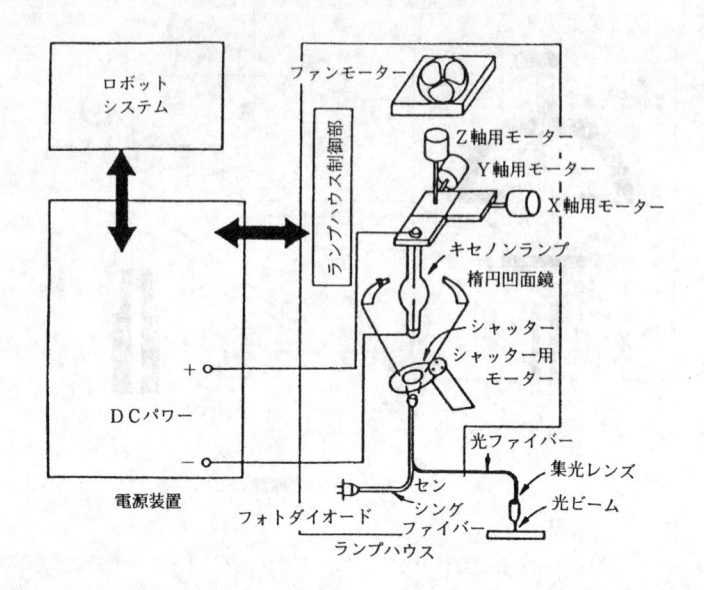

図2 光ビームの加熱装置

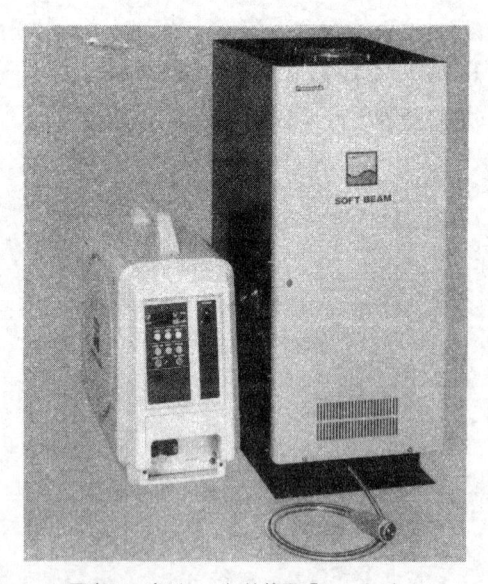

写真1 光ビーム加熱装置「ソフトビーム」

光源となるXeランプはランプ上部に設けられた「オートフォーカス機構」（X，Y，Zの3軸モーター）により，常に楕円球ミラーの第一焦点に維持されている。

また，光源の強さは，バンドル光ファイバーの中心部に設けられた「センシング・ファイバー」により検知され，フィードバックされ，常に一定に維持される。

このような機能が複雑なはんだ付け条件を「数値」で管理することを可能にしている。

2.2.2 LD（レーザーダイオード）型

電子部品は，近年ますます小型化しており，接合個所もそれに伴って，小さくなっている。

前述のXeランプ型の場合，使用可能のビーム径は，1.2〜1.3mmφであるが，最近では1mmを下回るはんだ付け個所が増加してきており，0.5mmφを下回るビーム径が要求されるようになってきた。

「はんだ」を溶融しうるパワーを残しつつ，小ビーム径を実現するにはその光源をレーザーに求めざるを得ない。

「LASER」としては，①CO_2 LASER，②YAG LASERが加工用LASERとして思い浮かぶが，「はんだ付け」に使用するにはそのパワーが強すぎて適切ではない。

そこで，われわれは波長が810nmの半導体レーザーを光源として選択した。

半導体レーザー（LD）を光源とした「光ビーム加熱装置」の原理図を図3に示す。構成としては，Xeランプ型とほぼ同様であり，Xeランプに代わるものとしてレーザーダイオードを配している。

ただし，このレーザーは「クラス4」に属するパワーを有しているため，「安全」のため，集光レンズの前段に「メカニカル・シャッター」を配していることが異なる点である。

図4にLD（レーザーダイオード）素子の構造を示す。

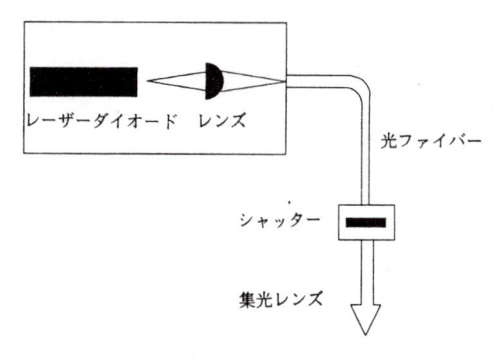

図3　LDソフトビームの原理

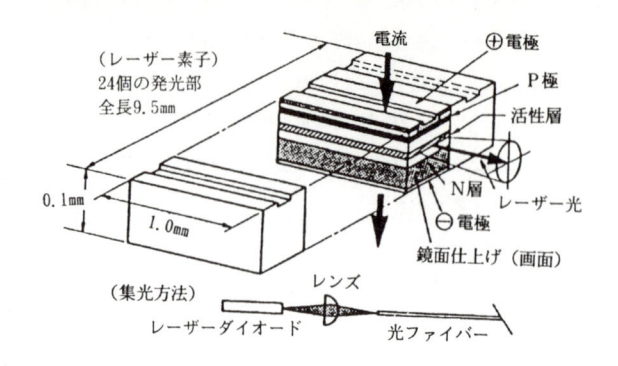

図4　ＬＤ素子外形

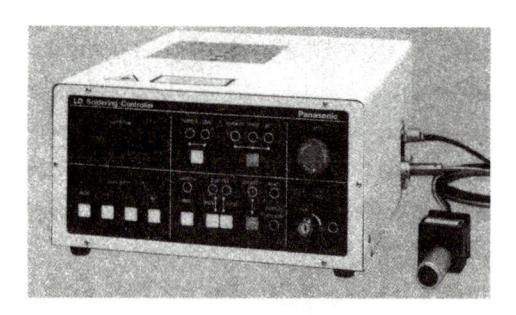

写真2　ＬＤ加熱装置

2.2.3　両者のビームスペクトルおよびパワーモードの比較

次にＸｅランプおよびＬＤのビームスペクトルおよびパワーモードについて比較しておく。

Ｘｅランプはその波長が350nm～1,300nm に分布し、「太陽光」に近く、一方ＬＤは810nmの単一波長である。一方パワーモードにおいては、ＬＤはＸｅランプに比較し、高いパワー集中性を有している。「はんだ材料」および「はんだ付けワーク」により、両者を使い分けしていくことが望ましい。

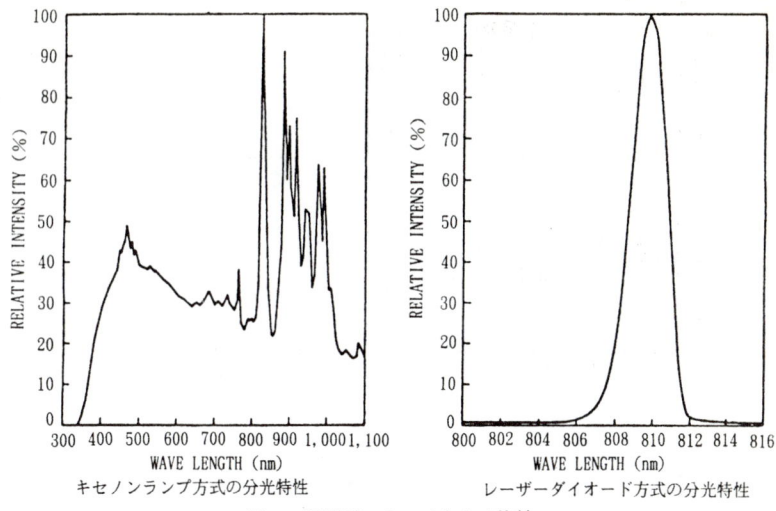

キセノンランプ方式の分光特性　　　　　レーザーダイオード方式の分光特性

図5　照射ビームスペクトル比較

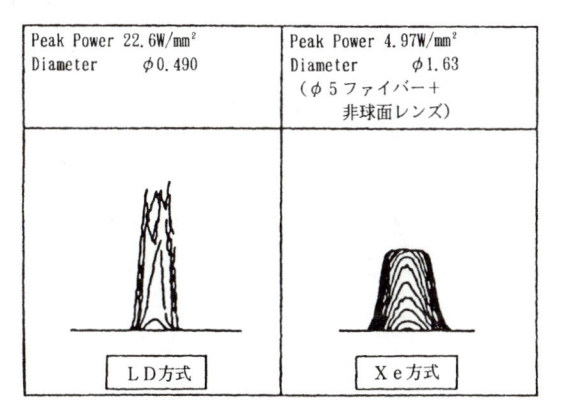

Peak Power 22.6W/mm²	Peak Power 4.97W/mm²
Diameter φ0.490	Diameter φ1.63
	(φ5ファイバー＋非球面レンズ)
LD方式	Xe方式

図6　集光パワーモード比較

2.3　光ビーム加熱装置の特徴

2.3.1　加熱条件の制御

「光ビーム加熱装置」（ソフトビーム）は「数値的」にきめ細かな制御が可能である。すなわち，出力ワット調整とシャッター開閉時間（LDの場合は照射時間）が自由にコントロールできるため，加工物に合った精度が可能であり，その一例を図7に示す。

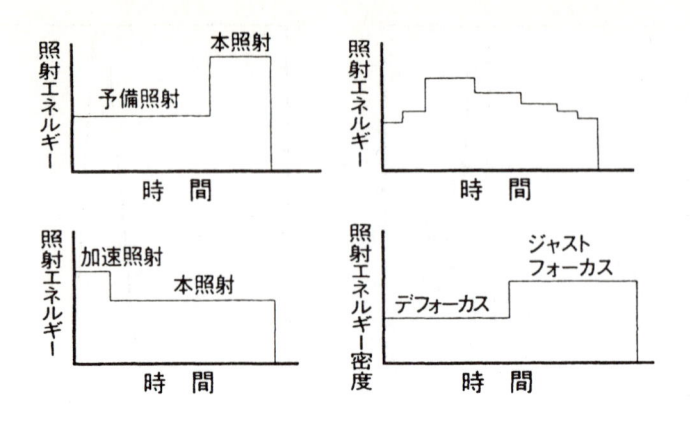

図7　ソフトビームによる加熱制御

2.3.2　非接触熱源（光ビーム）の長所

前述のような原理・構造・機能を有する「非接触熱源」を使用しての「はんだ付け」の長所を「接触熱源」の場合と比較して記述する。

(1)　接触のバラツキがない

図8にはんだゴテのような「接触熱源」による被はんだ物の加熱状態を示している。（a）はピンとコテが正規に面接触をしている状態であるが，ピンの角度のバラツキ等により時として（b）のような点接触の状態になりうる。これが，接触のバラツキであり，熱供給のバラツキひいては「はんだ付け不良」につながる。光ビームの場合は図9のように，接触することなく「ビーム」内にピンやランドを入れることにより，バラツキがなくなる。

図8

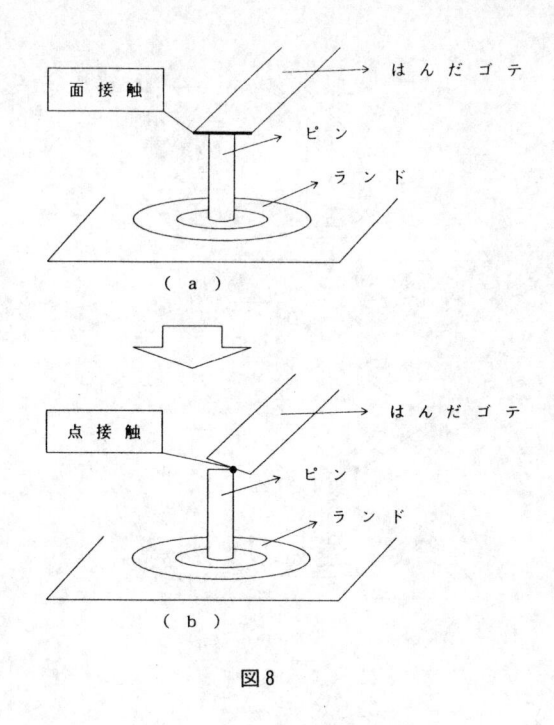

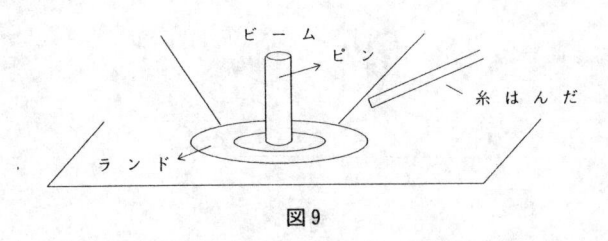

図9

(2) **熱供給のタイミングが同時である**

　図10は「はんだゴテ」を用いてピン端子をプリント基板上のランドへはんだ付する場合のメカニズムである。

図10

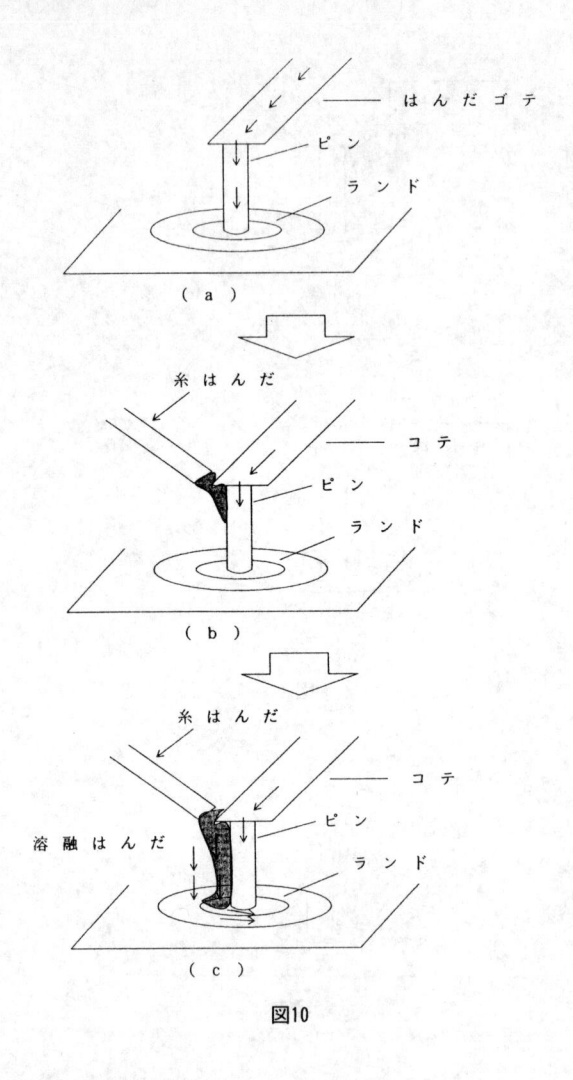

　（a）はコテによりピンを充分加熱する。次に糸はんだをコテとピンに当てて溶融する（b）。溶融したはんだはランドに流れその溶融はんだを通して，ランドは加熱される（c）。したがって，ランドは溶融はんだを介して加熱されることになり，これがコールドラップのようなはんだ不良を引き起こす一因となる。

　一方，非接触熱源である「光ビーム加熱」であれば，図9に示すようにピンとP板ランドを同時加熱するので，はんだ不良は発生しにくい。

図11

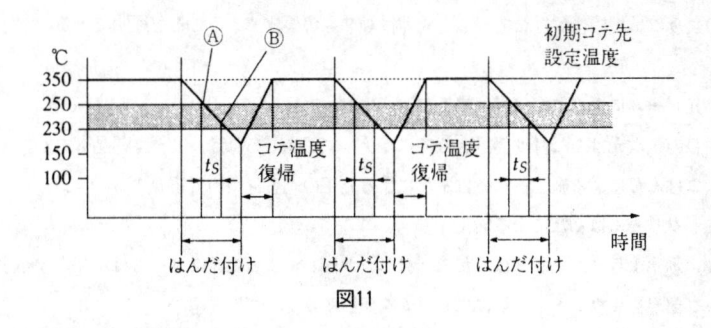

(3) 温度プロファイルの相違

図11は温度調整機能付のはんだゴテの温度プロファイルである。コテ先に蓄えられた熱量は被はんだ物に移されることによりコテ先温度は図11のように降下する。

はんだ付け適正温度が230℃～250℃とすればⒶ→Ⓑ間の時間（t_s sec）のみが安定はんだ付け時間となる。コテ先チップが小さくなればなるほど，温度降下は早くⒶ→Ⓑ間の傾斜が急になり，適正はんだ付け時間t_sは短くなる。

ワーク（被はんだ物）が小さくなれば，コテ先チップは小さくせざるを得ないので不安定の度合いが増すことになる。

一方「光ビーム加熱」の場合の温度プロファイルを図12に示す。t_0は被はんだ物がはんだ溶融点に達するまでの予熱時間でありt_sは，はんだ付け時間である。前項2.3.1に示したように被はんだ物の熱容量に応じて出力や時間を制御できるので，はんだ付けの適正温度（230～250℃）内に t_s sec保持することが可能である。

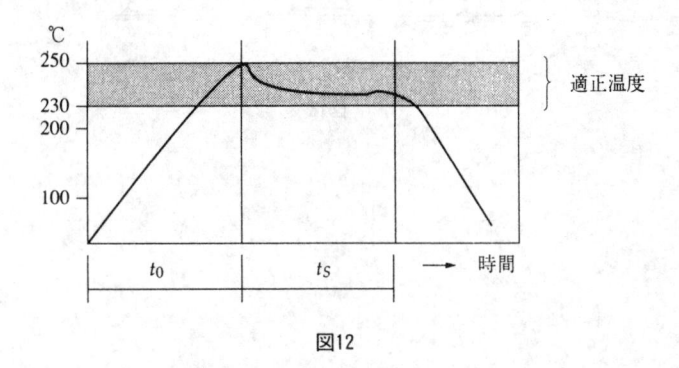

図12

このように論理的に解析してみると，非接触熱源が優位であることが証明できる。

2.4 光ビームによるはんだ付け施工方法

ＭＩＤの三次元はんだ付け部品としては，チップ部品もあれば，リード部品もある。まず，①クリームはんだによる施工と②糸はんだによる施工の両者について紹介する。

2.4.1 クリームはんだによる施工

図13に示すように，まず「はんだディスペンサー」によって，クリームはんだを塗布する。次にチップ部品をマウントし，最後にビームを照射する。

この方法は，チップ部品，クリームはんだだけでなく，周辺樹脂の基板も加熱するため，ビームはデフォーカスされたものを用い，ビーム径は10～15mmϕの大きなものを使用している。

また照射パワーは，はんだボールの発生を防止するため「二段階照射」をする。

2.4.2 糸はんだによる施工

図14は糸はんだによる施工方法である。被はんだ物に光ビームを当て，はんだの溶融温度以上に温度上昇させた後に糸はんだを送り装置により送給する。

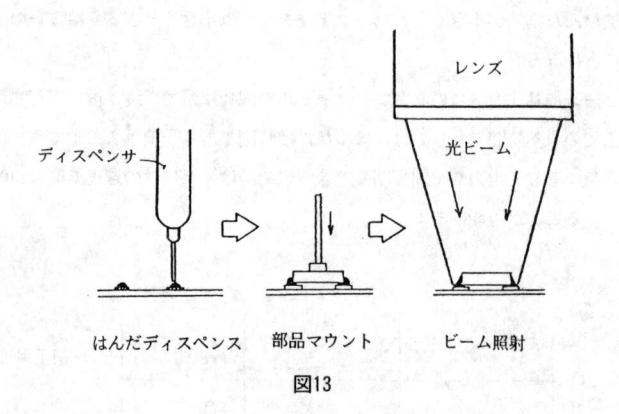

はんだディスペンス　部品マウント　ビーム照射

図13

図14

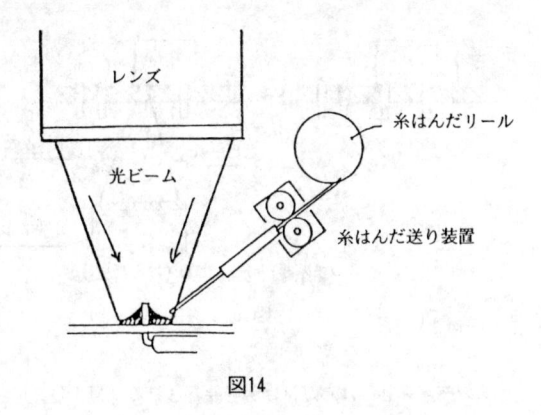

　ビーム径は，被はんだ物の寸法以内（ランドの場合は，（ランド寸法 $-0.1\sim0.2$ mm）のビーム径）とし，フォーカスは「ジャスト・フォーカス」とする。糸はんだ使用の場合の「はんだ付け条件」例を図15に示す。

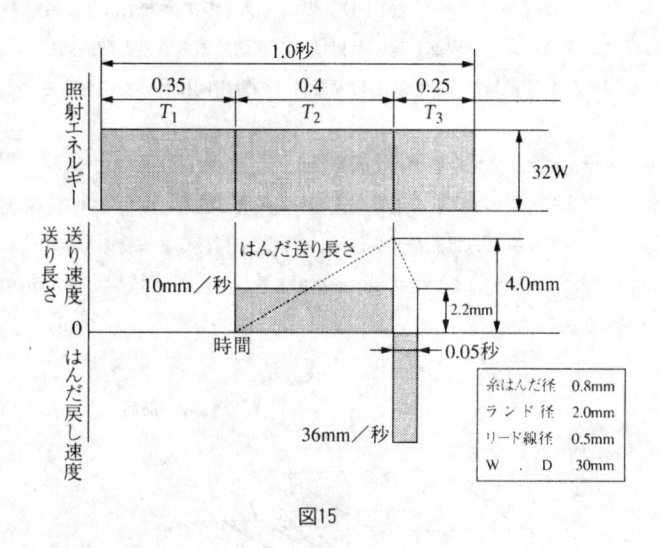

図15

2.4.3　全姿勢のはんだ付け施工（上向きも可能）

　非接触熱源であるがゆえに，「光ビーム加熱装置」を使用すると，はんだゴテでは不可能である上向きはんだ付けも可能である（図16）。

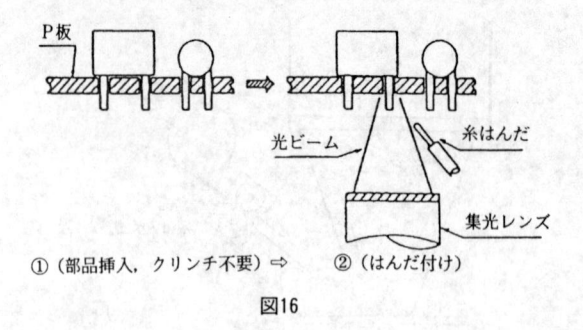

①（部品挿入，クリンチ不要）⇒ ②（はんだ付け）

図16

したがって，三次元の部品実装・はんだ付けが必要とされる「MID」においては適切な方法であると思われる。

3 MIDの「光ビーム」によるはんだ付け

前節において，三次元部品である「MID」の他部品との接合方法は「非接触熱源」である「光ビーム」によるポイント（局部）はんだ付け法が適切である背景と理論的根拠について述べてきた。次にMIDの「光ビーム」によるはんだ付けの実用例について紹介する。

3.1 クリームはんだによるMIDのはんだ付け

図17のような立体形をもつMIDにおいて天面Ⓐと段違いとなっている（同一平面ではない）Ⓑ面にチップ部品を「クリームはんだ」を使用してはんだ付けする場合の実例について説明する。

図18に示すように，（a）においてまずⒷ面にあるランドにディスペンサーを用いてクリームはんだを塗布する。

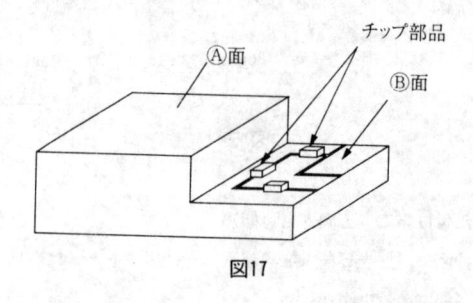

図17

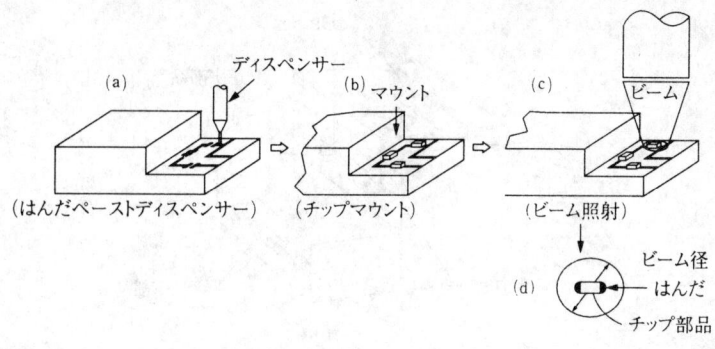

図18

次に（b）に示すようにチップ部品をマウントし，最後に光ビームを照射し，はんだ付けを行う。

ビーム径は（d）のようにチップ部品およびクリームはんだ塗布部全体をカバーするように大きめに設定し，かつそのビーム照射される樹脂部が焼損しないように，デフォーカスされたビームを用いることが大切である。

3.2 糸はんだによるＭＩＤのはんだ付け

図19にＭＩＤ側面へのリード部品の糸はんだを使用してのはんだ付け例および天面へのＩＣ類のリードのはんだ付け例を示す。

この場合，ビームはメッキによって形成されたＭＩＤ表面上のパターン（あるいはランド）寸法内のビーム径をジャストフォーカスして照射し，その後糸はんだを糸はんだ送り装置によって自動にて供給する。

メッキ層によって形成されているパターン（あるいはランド）は熱容量が小さいため，それらが樹脂基材より浮き上がらないよう入熱コントロールしてやることが肝要である。

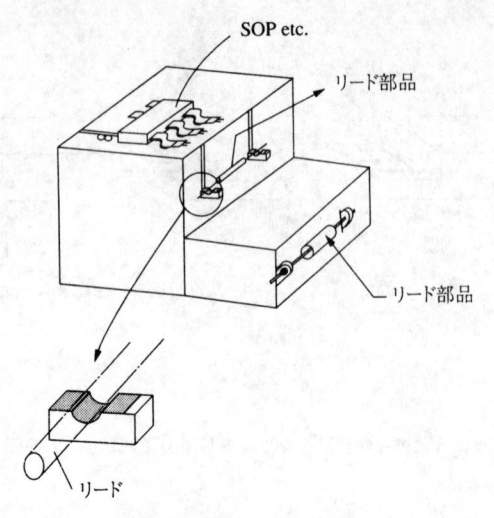

図19

3.3 内部モールド型MIDの「光ビーム」によるはんだ付け

1節1.2項の②により紹介した「内部モールド型MID」においても,同様に「光ビーム」による局部はんだ付けが可能である。図20にその一例を示す。

図20において ▨▨▨▨（斜線部）が内部モールドされた導電材料である。このような三次元モールド部品に他の電気部品をはんだ付けする際も使用することができる。

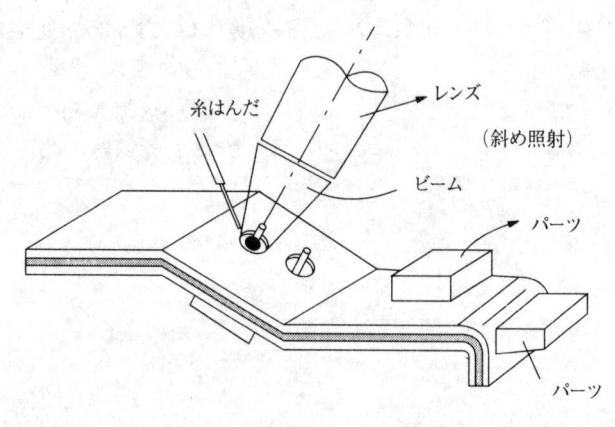

図20

3.4 MIDの「光ビーム」によるはんだ付け結果

　前述の3種類のはんだ付けはいずれも実験室において実験されたものであるが，いずれも基材の樹脂成型物を損傷することなくはんだ付けが可能であった。

　ただし，3.4に示した内部モールド型MIDの場合については，熱容量が大であり，「光ビーム」のパワーのみではパワー不足となり，補助加熱（加熱炉で予め120～150℃で加熱）が必要であった。

4　結　　論

　当社は従来の「はんだゴテ」のような接触加熱によるはんだ付け工法に代わって「光ビーム」のような非接触加熱源による「はんだ付け工法」を新たに提唱し，開発・販売をしてきた。「光ビーム」の熱源を提供するだけでなく，「工法」をも提供するという姿勢で取り組んできた。

　今日までカスタマーより寄せられたサンプル施工件数は3000件に近づこうとしている。その中にあって新デバイスである「MID」に関してはその件数は数件に満たないが，「MID」の特徴を生かし，伸ばしていく上において重要なポイントでもある「部品の接合方法」の一つの工法として「光ビーム」による非接触はんだ付け工法は充分にMIDの特質を生かしうる接合方法の一つであることを確信している。

　ただし，MID同様「光ビーム」に関しても誕生して多くの時を経過しておらず，成長過程にある。したがって今後もはんだ付けの新工法の一つとしてカスタマーに認められるよう成長・進歩させていきたいと考えている。

第3編　ＭＩＤの市場と今後の展開

第11章　世界的規模で拡大するＭＩＤ市場

川崎　徹*

1　はじめに

　ＭＩＤの技術（アイデア）が生かされた用途開発が本格化するのは，まさにこれからだと考えられる。ＭＩＤの概念が理解され，ＭＩＤがＭＩＤという固有名詞で通じ始めており，世界的な規模での情報交換や理論的な体系化が，ＭＩＤのメーカーを中心に進められているからである。
　ＭＩＤの工法や用途開発に関しては必ずしも後発ではない日本でも，やっとＭＩＤに関する任意団体[注1]が今年正式に発足することになった。しかし，日本や欧米でのＭＩＤに関する実用化例やその市場規模の大きさについてのまとまった成書は，ほとんど存在しなかったといえる。したがってこの機会に，内外のアプリケーションの概要や，それを踏まえたＭＩＤ市場のアウトラインを素描することは，時代的な意味があると考えられる。
　注1）　ＭＩＤ研究会，発足準備会　96.12.10；第1回研究会　97.7.17

2　ＭＣＢ時代の世界的用途開発動向

　ＭＩＤ（Molded Interconnect Device）は，今日的な呼称である。よく知られているように，ＭＩＤ（射出成形回路部品）の名前が定着する以前は，ＭＣＢ（Molded Circuite Board）と呼ばれていた。ＭＣＢ（射出成形回路基板）は，2次元形状に近いアイテムなどがターゲットにされていたようだ。
　ＭＩＤとＭＣＢの概念的な違いを論じるよりも，用途的な変遷のアウトラインから各々の特徴を読み取る方が実用的である。
　欧米におけるＭＣＢ時代の用途開発で目立つ分野は，自動車と電気・電子の両分野だといわれている。今から10年ぐらい前に開発（応用）された事例（テーマ）を分野別に分けて要的整理してみると，ほぼ表1のようにまとめられる。
　表1がすべての開発事例を網羅しているわけではないので，その意味では当時からさまざまな取り組みが関係方面で熱心に続けられていたことは，確かに読み取れる。

---

　*　Toru Kawasaki　㈲カワサキテクノリサーチ　代表取締役

表1 MCBの欧米における開発状況

分類	用途	MCB(MID)メーカー	使用樹脂	回路形成法	備考
自動車	①ダッシュボード ダッシュボード(乗用車空調コントロール) 透明ダッシュボード	General Hybrid (米) Amoco (米) Printex Electronics (米)	ULTEM(PEI) Udel(PSF) Udel(PSF)	射出同時転写 セミアディティブ Kolmold法	Allen-Bradley(米)の子会社 転写フィルムに特徴
	②ガレージのドア・オープナー				
	③薄型アンテナ	Elite Circuits (米)		セミアディティブ	20%CR(小型化)
	④カーラジオ カーラジオ・モジュール	Connection Technology (米) Pixley Richards(米)	PES Radel(PAS)	Kolmold法 Konec	欧州初のMCB、TH付両面回路 検討中
	⑤Keyless entry lock	Pixley Richards(米) Pixley Richards(米)	Radel(PAS) Radel(PAS)	Konec Konec	Ford GM
電気・電子	①LSIのチップオンボード(COB)				
	②オシロスコープのインプット信号調整用アッテネーター・スイッチのローター	Amoco (米)	Udel(PSF)	サブトラクティブ法	ガラエポ製ロータの代替、高画質
	③ICチップキャリア 同上 同上	Seligrif Inc. (米) Elite Circuits (米) Plasticorp (米)	PPS-Vectra (LCP)	Konec セミアディティブ法	Chomericsの子会社
	④LEDホルダー	Pathtek (米)	購入Victrex (PES)70%GF・PPS	Kolmold法 (PSP,Mold-n-Plate,APE法)	4個のLED組込 TH付両面回路
	⑤電子タイプライターのコネクター	Pathtek (米)		同上	
	⑥ピングリッド・アレイ(PGA)	Sunbelt Plastics (米)	PES	凹溝回路アディティブ	FR-4代替、3cm角の小型製品
	⑦タイプライター・プラグイン・カード	Printex Electronics (米)	Udel(PSF)	Kolmold法	
通信	①電話器 電話器(ハウジング)	General Hybrid (米) Amoco (米)	Ultem(PEI) Udel(PSF)	射出同時転写 Konec	デザイン性の向上 小型化
etc	ビデオゲーム	ICI Americas (米)			CR

今，この表1に付け加えることがあるとすれば，実用化が確認される用途の詳細（例えば成形品のイメージ）と回路形成法に関するその後の状況などであろう。

2.1 実績のある用途例

2.1.1 LEDホルダー

図1 LEDホルダー

- ユーザー：スミスコロナ社
- 用途（部品名）：タイプライター（LEDホルダー）
- メーカー：Pathtek
- 工法：Mold-n-Plate法
- 使用樹脂：1 Shot　Victrex 3609ML20（PES）
　　　　　　2 Shot　RYTON R7（PPS）

2.1.2　検知センサー

図2　検知センサー

- ユーザー：イーストマンコダック社
- 用途（部品名）：マイクロフィルム用撮影機（書類検知センサー）
- メーカー：Pathtek
- 工法：Mold-n-Plate法
- 使用樹脂：1 Shot　Victrex 3609ML20（PES）
　　　　　　2 Shot　RYTON R7（PPS）

2.1.3 キーレスエントリーロック

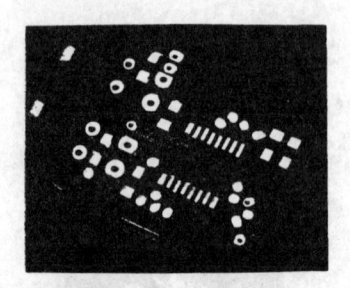

図3 キーレスエントリーロック

- ユーザー：GM, Ford
- 用途（部品名）：自動車（キーレスエントリーロック）
- メーカー：Pixley Richards
- 工法：Konec法（Photoimaged Circuit Definition）
- 使用樹脂：Radel（PAS）

2.1.4 プラグボード

図4 プラグボード

・用途（部品名）：電話機（プラグボード）
・メーカー：Amoco
・工法：Koneck法
・使用樹脂：Udel（PSF）

　さて，以上の実績ある用途や表1にある種々のトライアル例で，留意すべきは各々の回路形成法（工法）である。どの工法が有利であるかは，実用化例の点数が目安にもなる。表に複数登場するKolmold法（Mold-n-Plate）やKonec法とは，どのような回路形成法を指すのか，ごく簡単にふれておく必要があるかもしれない。

2.2　回路形成法の概要とMIDメーカーの提携関係

　MIDの回路形成法は，周知の通り多岐にわたるものの，各工法の特徴を要約してみると，おおよそ次のように分類されるようだ。

表2　MIDの回路形成法と開発メーカー[1]

回路形成方法	プロセス名称および開発会社例
パネルアディティブ法	APE Process（PCK Technology）
フルアディティブ法	Mask-n-Add Process（PCK Technology）
回路パターンがへこんだ金型で成形した成形品にめっき（フルアディティブまたはセミアディティブ）を施して導体を形成する．	Mint-Pac Process（Circuit Wise）
金型上にパターンをめっきした後，射出成形する．	金型内めっきプロセス（Battelle研究所）
回路パターン部をめっき触媒を練り込んだ樹脂で成形し，この成形品を金型中にセットして二段目の成形品を成形後，無電解めっきを施して導体を形成する．	Mold-n-Plate Process（PCK Technology）
感光剤を成形品表面に塗布した後，紫外線を照射して回路パターン部をめっきに対して活性化し，無電解めっきを施して導体を形成する．	PSP Process（PCK Technology）
転写紙上に導電性ペーストでパターンを印刷し，成形品上にホットプレスによって転写する．	Konec Process（Amoco）

　表2では，回路形成法の開発メーカーの例がシンプルに紹介されているが，メーカーの誕生も一筋縄ではいかない。まして，開発メーカーと提携関係にある先（企業）のポジションを適確に表わすことは，容易ではない。企業間の提携や共同開発は錯綜している。

次の図は，1989年当時の米国における回路形成法の関連図である。現在はまた様子が変わっているが，MID（MCB）揺籃期の企業間提携のあり方を知っておくことは，決して無駄ではない。

ところで，図5の提携関係でその後の経緯を見ておくべきは，PCK Technologyに関してである。表1の実績も同社の回路形成法が多かったし，現在も有力な工法の一角を占めていることに変わりがない。

PCKのMIDに関する権利は，その後アンプアクゾ社[注2]（米国）に売却されたといわれている。

注2) AMP-AKZO

```
Circuit-Wise ──┐
                ├─合併企業─→ Mint-Pac Technology ──→ Mint-Pac Process
General Electric Plastics ──┘

Eastman TechnologyのDivision ──→ Pathtec
                                          Molded Circuit Interconnects
                                          DuPontと共同出資
無電解メッキ技術
          DuPont（子会社）── Elite Ciouits ──→ Elite's Process
          Amoco Performance Products ──→ Konec Processの改良版
                                               ライセンス
          ICI Eectronics ←ライセンス
ライセンス
          PCK Technolgy ──→ Mold-n-Plate Process
共同開発                        PSP Process
Kollmorgen PhotocircuitsのDivision
ライセンス
          ICI America ── Smith Corona Operations ──→ KOLMOLD 3-D Process

Union Carbide
Chomerics ──→ Konec Process

Allen Bradley ──→ Allen-Bradley Process
```

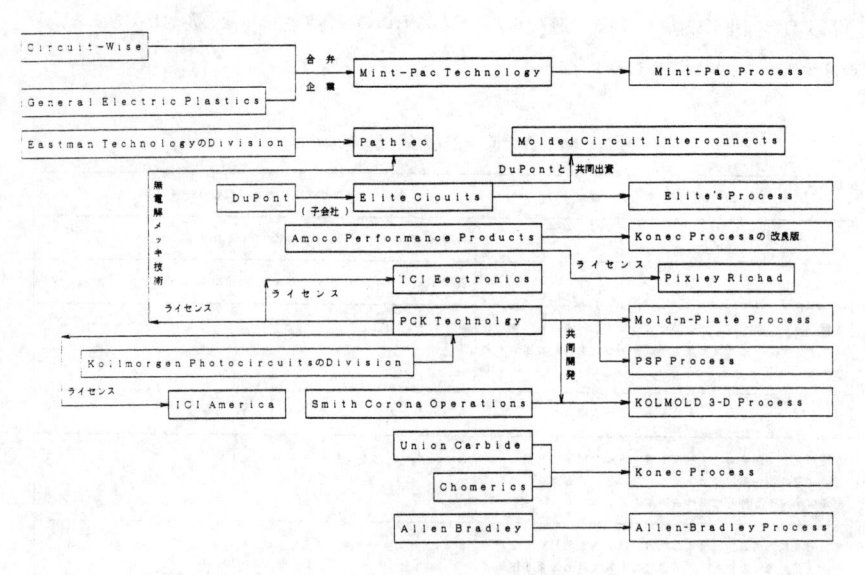

図5　MID揺籃期の回路形成法の関連図

アンプアクゾ社に移ったPCKの工法をライセンス契約していた日本のMIDメーカーは，三井パステック[注3]（三井石油化学工業が100％出資）と日立電線であったが，前者の三井パステックは最近，これをサーキットワイズ社（米国）に譲渡したもようである。

注3) Mitsui-Pathtek

次に，いくつかあるMID工法のうち，特に欧米で強いといわれているPCKのものを含む代表的工法のプロセスを簡単にまとめておくことにしたい。

134

2.3 代表的工法のプロセス

ここで取り上げるのは，次の3つである。すなわち，APE法とPSP法とMold-n-Plate法で，各々のプロセス概要は次のように図示できる。

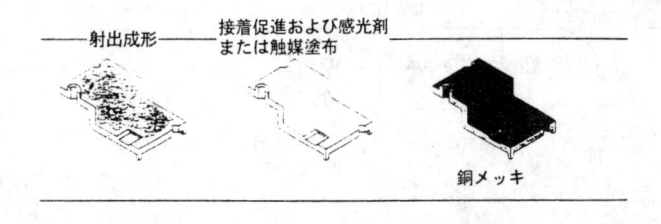

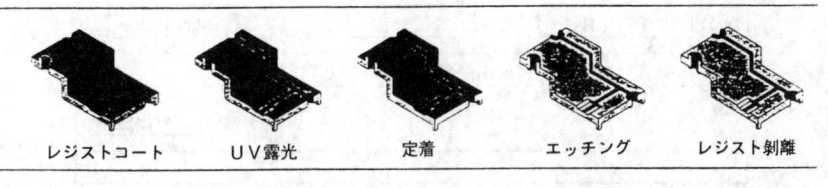

図6　APE法（Additive Photo Etching）

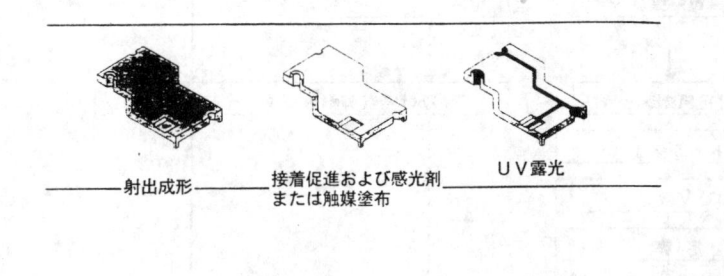

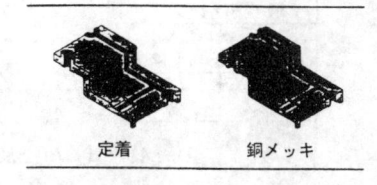

図7　PSP法（Photo Selective Plating）

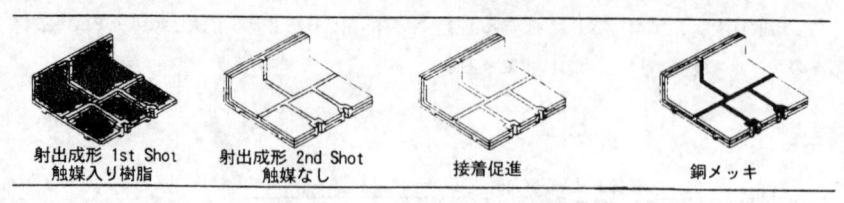

図8 Mold-n-Plate法 (2 Shot)

射出成形 1st Shot 触媒入り樹脂　　射出成形 2nd Shot 触媒なし　　接着促進　　銅メッキ

そして，これらの工法（プロセス）で共通する部分とそうでない部分とを分けてみると，以下のようにまとめられる。

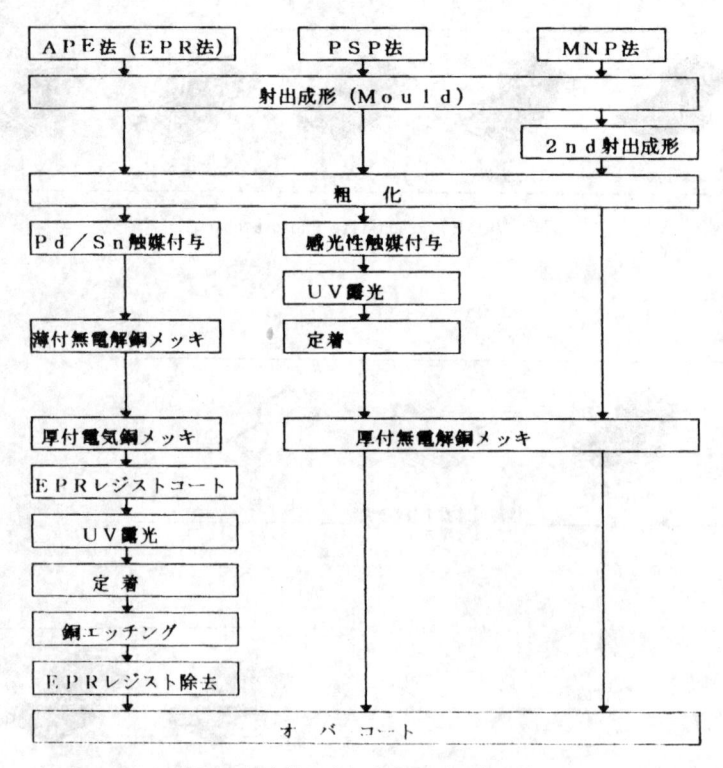

```
APE法(EPR法)      PSP法         MNP法
      ↓            ↓             ↓
      射出成形（Mould）
                                  ↓
                             2nd射出成形
      ↓
      粗　化
      ↓            ↓
Pd/Sn触媒付与    感光性触媒付与
                    ↓
                  UV露光
                    ↓
                   定着
      ↓
薄付無電解銅メッキ
      ↓            ↓
厚付電気銅メッキ  厚付無電解銅メッキ
      ↓
EPRレジストコート
      ↓
   UV露光
      ↓
    定着
      ↓
  銅エッチング
      ↓
 EPRレジスト除去
      ↓
         オーバーコート
```

図9 代表的工法のプロセス上の差異[2]

3 MID時代の世界的用途開発動向

MIDとMCBの違いが、いわば便宜的なものである以上、いつの時点でこれを分けるのかも、どの用途で区切りをつけるのかも明確ではない。呼称が業界的に統一されたことが、やがて理論的な裏付けを得て社会化された時に、初めてMIDとMCBの違いに拘泥しなくて済むものと考えられる。

ただ、ここでいうMID時代の世界的なアプリケーションとは、MCB時代のそれが10年ぐらい前のものであるのに対して、それ以降に開発されたもの、あるいはここ数年の間に実用化されたものなどを指すことになる。

実績のある用途のすべてを捉えることは不可能だし、意味があるとも思えない。しかし、以前の用途と比べて明らかに違いがあるものや、用途開発の方向性が占えるようなものを例示することは、とても重要な作業であるといえるのではないだろうか。

3.1 米国の用途例
3.1.1 自動車用ランプソケット

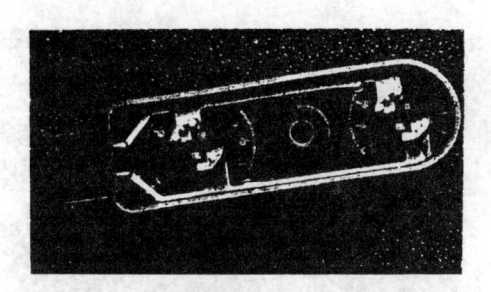

図10 自動車用ランプソケット

<製　法>　2ショット法
<樹　脂>　1次側，PES（触媒入り）
　　　　　2次側，PES
<めっき>　Cu／Ni＝35μm／8μm
<備　考>　①ワイヤー配線，ソケット，コネクター端子を一体化（組み立て合理化）
　　　　　②フォード
　　　　　③MID工程の略図（Mitsui-Pathtek）

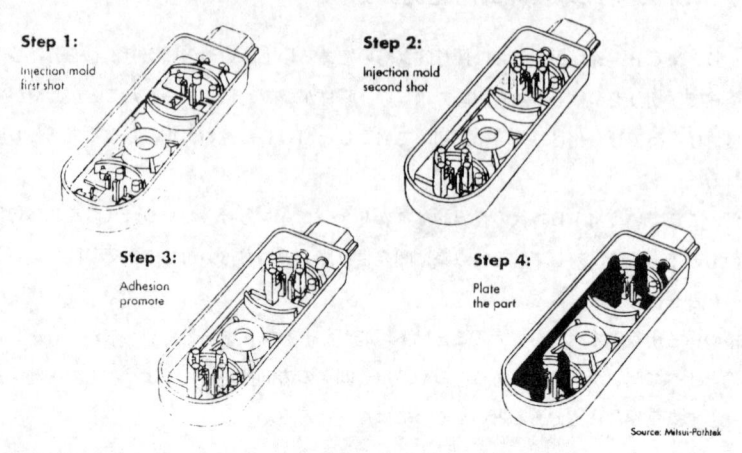

図11　自動車用ランプソケットのMID工程図

3.1.2　3Dジョイスティック

図12　3Dジョイスティック

<製　法＞　2ショット法
<樹　脂＞　1次側，PES
　　　　　　2次側，PPS
<めっき＞　Cu／Ni／Au＝25μm／5μm／0.2μm
<備　考＞　①立体配線によって8個のタクトスイッチをコンパクト化（小型・軽量化）
　　　　　　②マイクロソフト

3.1.3　カーエアコンスイッチ

図13　カーエアコンスイッチ

<製　法＞　2ショット法
<樹　脂＞　1次側，PES
　　　　　　2次側，PC／ABSアロイ
<めっき＞　Cu／Ni＝35μm／8μm
<備　考＞　ワイヤー配線，ソケット，コネクター端子を一体化（組み立て合理化，さらに配線
　　　　　　の一部をスイッチ接点として活用）

3.1.4　パソコン入力ペン

図14　パソコン入力ペン

<製　法>　2ショット法
<樹　脂>　1次側，LCP
　　　　　2次側，PES
<めっき>　Cu／Ni／Au＝25μm／5μm／0.2μm
<備　考>　①立体かつ曲面配線，スイッチ・電池ケースを一体化（小型・軽量化，組み立て合理化）
　　　　　②コンパック

3.1.5　光エンコーダ用フォトセンサー

図15　光エンコーダ用フォトセンサー　　　　図16　ユーザーの使用例

<製　法>　2ショット法
<樹　脂>　1次側，PES
　　　　　2次側，PPS
<備　考>　①ハウジング内部に立体配線，リードフレームを一体化（コンパクト化，組み立て合理化）
　　　　　②HEWLETT PACKARD

3.1.6　医療用プローブ

図17　プローブ内側断面

<製　法>　2ショット法
<樹　脂>　1次側，PES
　　　　　2次側，PES（触媒入り）
<備　考>　①部品点数大幅削減（組み立て合理化，新機能発現と使い捨てを可能にした）
　　　　　②ACMI

3.2　ヨーロッパの用途例
3.2.1　Screen wash/wipe control

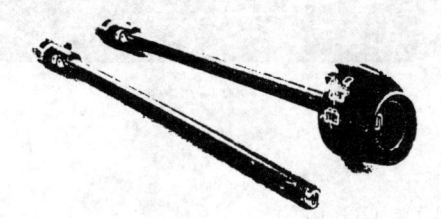

図18　Screen wash/wipe control[3]

<MIDメーカー>　Moulded Circuits
<ユ ー ザ ー>　Renault Laguna

3.2.2　Intelligent connector

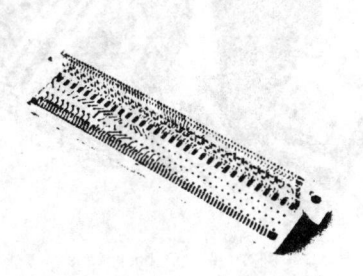

図19　Intelligent connector

<製　　　法>　フォトイメージング法

<樹　　　脂> アモデル（フタル酸アミド）
<MIDメーカー> Circuit-Wise
<ユ ー ザ ー> AMP (International)

3.2.3　自動車用計器メーターパネル

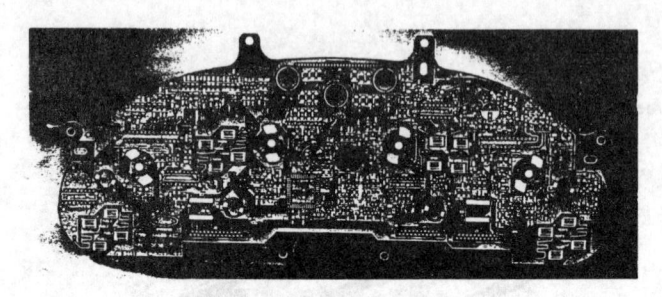

図20　計器メーターパネル[4]

<製　　　法> フォトイメージング法
<樹　　　脂> ウルテム（PEI）
<MIDメーカー> Circuit-Wise
<ユ ー ザ ー> ドイツフォード

3.2.4　PLC backplane

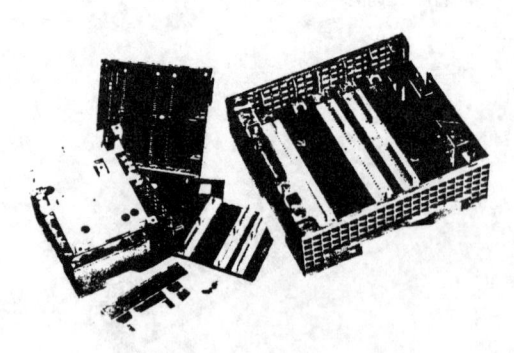

図21　PLC backplane

<製　　　　法>　Laser Ablation（ダイレクトレーザーマーキング法）
<樹　　　　脂>　ウルテム（ＰＥＩ）
<ＭＩＤメーカー>　ＦＵＢＡ
<ユ　ー　ザ　ー>　Siemens
<メ　リ　ッ　ト>　ＥＭＩシールド，ピンとコネクターの一体化による部品点数の削減

3.2.5　Vacuum cleaner power board

図22　Vacuum cleaner power board

<ＭＩＤメーカー>　ＦＵＢＡ
<ユ　ー　ザ　ー>　Siemens

3.3　欧米のその他の用途例

　欧米のＭＩＤ化例では，量産化の一歩手前まで行ったものを含めると，かなりの事例が存在する。

　用途例の締めくくりとして，ここでは関係業界で大いに注目されたテーマ（アイテム）のいくつかをアトランダムにあげておくことにした。

3.3.1 Hand-held radios

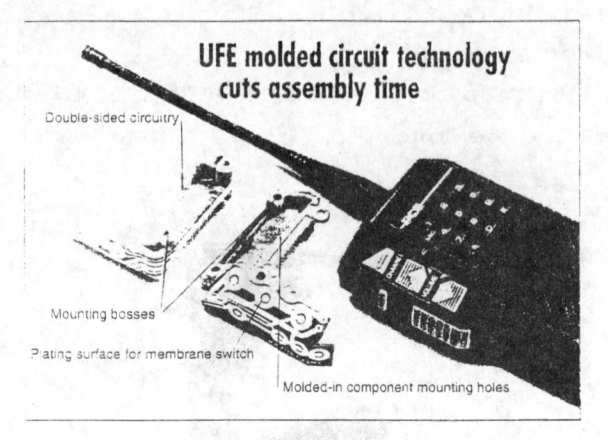

図23 Hand-held radios[5]

3.3.2 蛍光灯安定器

図24 蛍光灯安定器

<製　法> 2ショット法
<樹　脂> 1次側，PAR
2次側，FR−PET
<めっき> Cu＝35μm

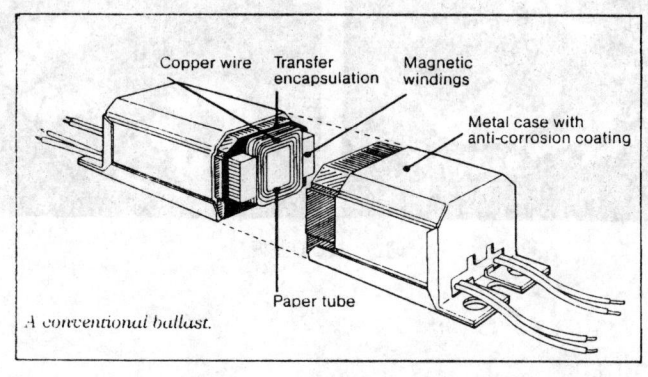

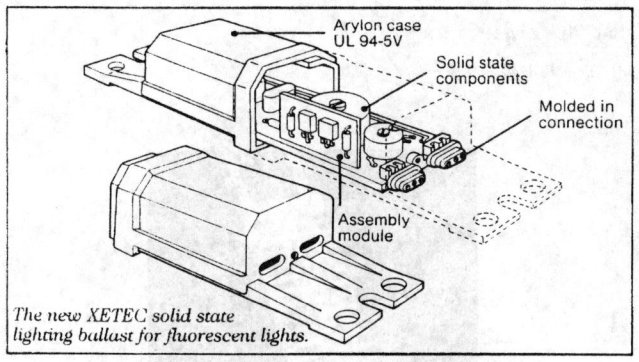

図25 蛍光灯安定器（ballast）構造略図[6]

3.3.3 HDD基板

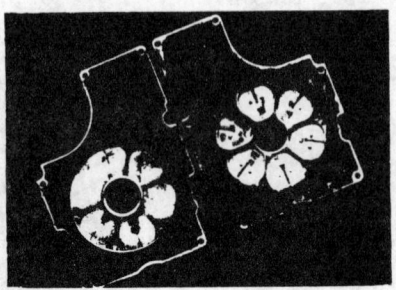

図26 HDD基板

<製 法> フォトイメージング法
<樹 脂> PEI
<めっき> Cu/Ni＝25μm／5μm

3.3.4 EMIシールドコネクター

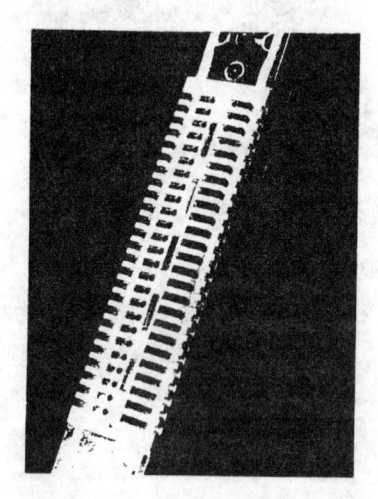

図27 EMIシールドコネクター[7]

3.3.5 オペレイティングパネル

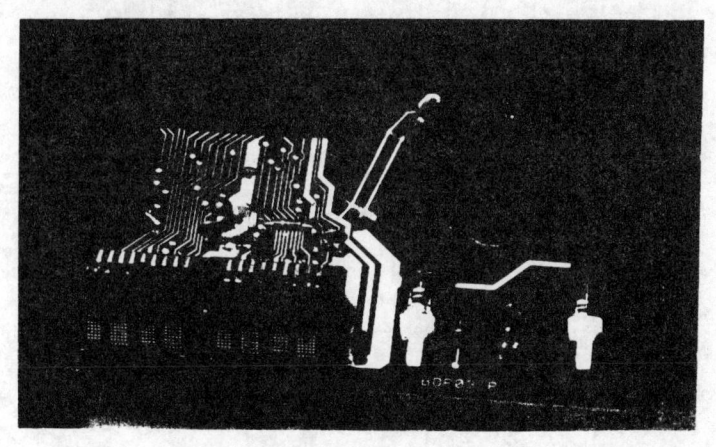

図28 オペレイティングパネル[8]

<　備　考>　ガラエポ（FR-4）からの代替と周辺部品統合（①LED，スピーカー支持部の一体化，②ワイヤーハーネスの回路化）

4 アプリケーションの変遷から読み取れるもの

　欧米におけるMCB時代の用途とMID時代の用途は地続きのものもあれば，そうでないものもある。しかし，さまざまな具体的事例によって浮かんでくる違いをコンセプト（共通項）化すると，MCB時代のアプリケーションがMechanical Consolidation（機械的統合）的であるのに対し，MID時代のアプリケーションはElectrical Consolidation（電気的統合）的であるといえるようだ。
　MCBはプリント回路基板の代替をきっかけとしていたので，ここ10年（1985年～1995年）のMCB化とMID化の経緯，すなわちMechanical ConsolidationからElectrical Consolidationへの展開をプリント回路基板を例にとってみると，図29のように要約（図示）される。

図29 MID（MCB）アプリケーションの変遷

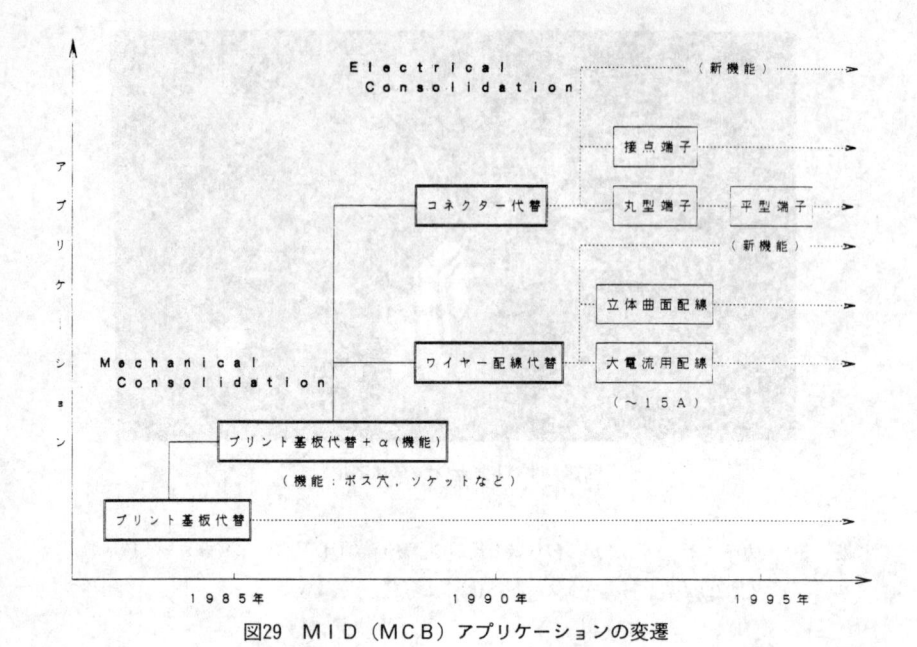

なお，MID（MCB）を個々の要素技術に分解し，要素技術と具体化例とを対応させてみると，以下のようになってくる。

＜要素技術＞	＜具体化例＞
立体配線	→ シャーシ，ハウジング，部品
リードフレームレス	→ 実装部品
ワイヤーレス	→ 部品
電磁シールド	→ ハウジング
メタルレス（軽量化）	→ コネクター／ピン

5 市場規模推移と今後の見通し

MIDのワールドワイドな市場規模（売り上げ）に関しては，その概要が伝えられている。

しかし，この売り上げ推定と予測には，出所があるようだ。それはMIDIAの推測値だと考えられる。

MIDIA (Molded Interconnect Device International Association) は，今から4年前に誕生したMIDの国際交流機関（任意団体）である。93年に第1回の会合が行われ，今年で5回

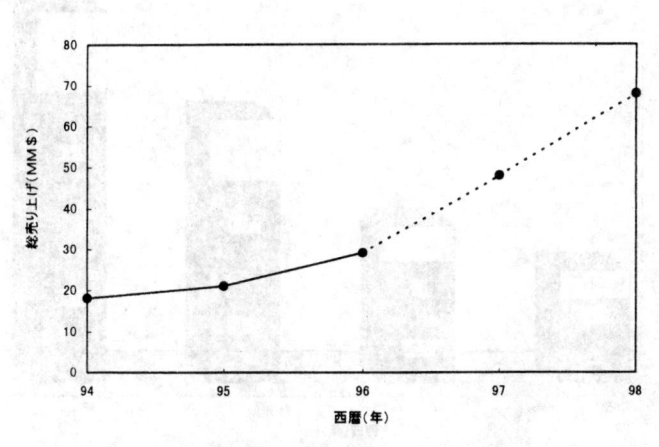

図30　世界のＭＩＤ総売り上げ推移[8]

目を数えることになる。

　ＭＩＤＩＡの構成メンバーの中心は，日米欧の各ＭＩＤメーカーであるが，大学（ドイツ）やユーザー層に該当する自動車メーカー（米国）もメンバーに加わっている。

　そのＭＩＤＩＡが世界規模のＭＩＤ総売り上げを発表しており，図30はＭＩＤＩＡの見方と一致している。

　ただ，元の資料はもっと詳しく，日米欧の内訳が各々次のように示されている。

　ところで，ＭＩＤの市場はもっと大きいのではないかとの観測もある。ＭＩＤＩＡの予測は主に，構成メンバーが各々の数値（ＭＩＤ売り上げ）を持ち寄って全体像を捉えようとしたと考えられるが，ＭＩＤＩＡのメンバー外でもＭＩＤは手掛けられている。この分をどう見るかによって，市場の大きさはかなり変わってくる。

　われわれは，ＭＩＤＩＡに加わっていない日本のＭＩＤメーカーの数値から演繹した図31，32のような予測値を，市場実態に近いものとして提示しておくことにしたい。水面下にあるＭＩＤの実数は，必ずしも小さくないと思えるのだが，果たしてどうだろうか。

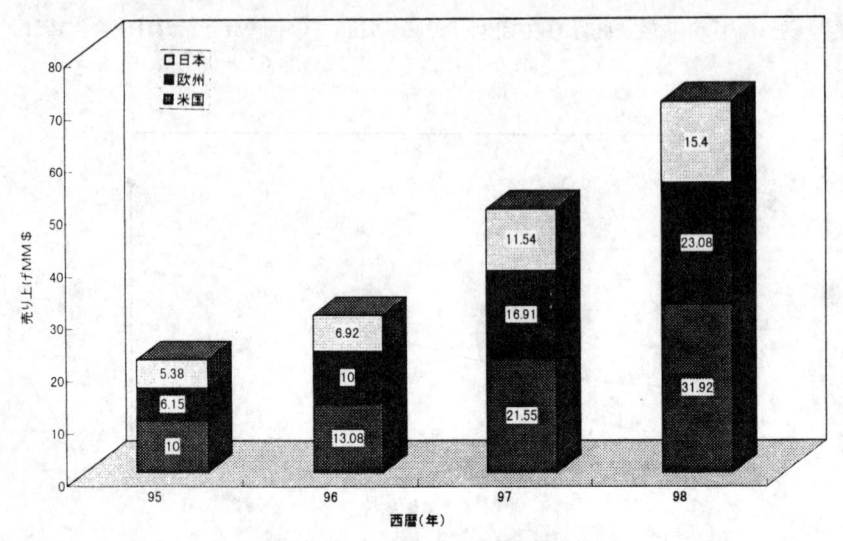

図31 ＭＩＤの市場規模推移
（ＭＩＤＩＡの見方，97～98年は予測）

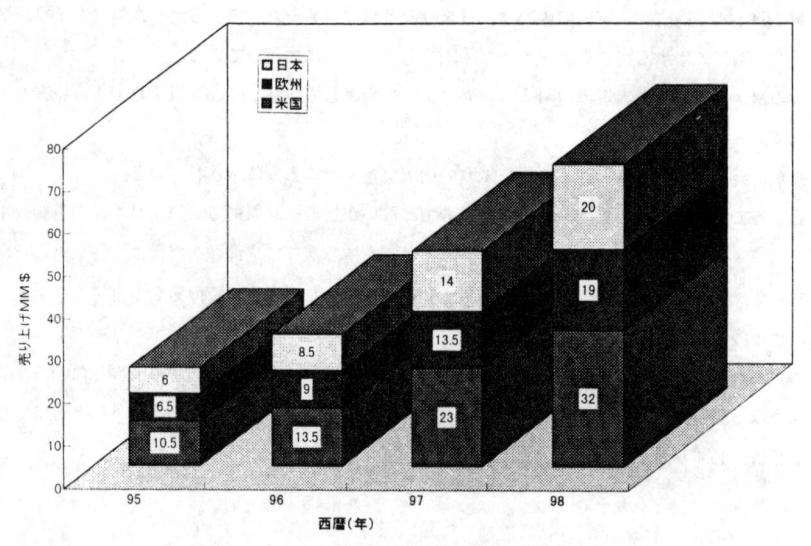

図32 ＭＩＤの市場規模推移
（㈲カワサキテクノリサーチの見方，97～98年は予測）

文　　献

1) William Jacobi, Michael Kirsch : Molded Wiring Board Materials and Processes, PC FAB, July (1986)
2) 三井石油化学工業のＭＩＤ解説資料, 97. 3
3) MIDs-PCBs move into the third dimension (SHIPLEY) June (1995)
4) MIDIA定期会合資料 '95. 3
5) Plastics world February (1993)
6) John Solenberger : DUPONT ENGINEERING POLYMERS June (1988)
7) GE Plastics カタログ
8) 明田："ＭＩＤ用成形材料" 表面実装技術, '97, Vol.7, No.6

第12章　ＭＩＤの欧州での市場

塚田憲一*

1　はじめに

　ＭＩＤのヨーロッパでの市場は年に30〜40％の速さで拡大している。ここではシーメンスが開発したＰＳＧＡを中心に，シプレイ・ヨーロッパが開発した「センシルキャタリスト」についても紹介したい。

2　ＰＳＧＡ

　ＰＳＧＡはPolymer・Stud・Grid・Arrayの略で，マルチチップモジュールのハウジングをＭＩＤにしたものである。高度の成形技術と回路形成技術が必要とされる。従来のマルチチップモジュールはＰＧＡ（ピングリッドアレイ），ＢＧＡ（ボールグリッドアレイ）であり，これを安価に大量に作る方法がＰＳＧＡである。この技術は，マイクロプロセッサー向けのパッケージが，

写真１　ＰＳＧＡ

---

*　Norikazu Tsukada　シプレイ・ファーイースト　ＰＣ／インターコネ

セラミックからプラスチックパッケージに換わる方向の中で，それをMIDまで進めたものであり，従来のプラスチックパッケージが熱硬化性の材料であるのに対し，射出成形が容易な熱可塑性材料である。以下，類似しているBGAとの比較で，PSGAをみてみたい。

3　PSGAの素材

PSGAの目的はコストダウンである。従来のプラスチックパッケージは，BT樹脂（三菱ガス化学），熱硬化性PPE樹脂等が主体である。

シーメンスが発表した「PSGA」は素材がポリエーテルイミド（GEプラスチックス－ウルテム2200）である。25mm×25mmの寸法で，11mm×11mmのチップキャビティの大きさのPSGAを図3，4，5に示す。232ピンのこのプラスチックパッケージは，従来のバンプがハンダボールであるのに対し，射出成形した樹脂をめっきし，バンプとして使用するものである。これによって，

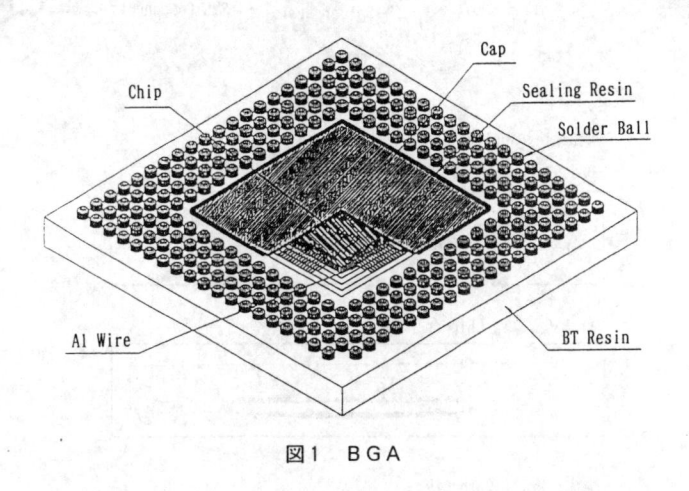

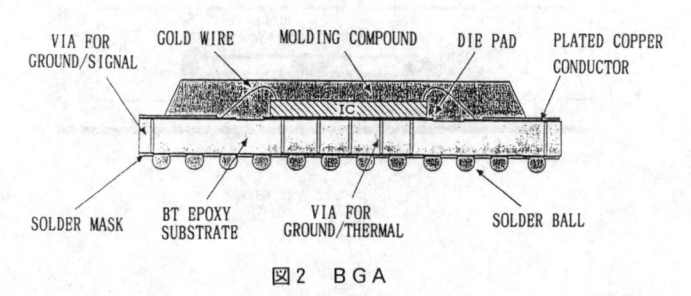

図1　BGA

図2　BGA

バンプ製造工程をなくすことができる。直径は400ミクロン，パッドの高さは550ミクロンである。

シーメンスはこのPSGAの材料として，SPS（シンジオタクチックポリスチレン－出光石化）の耐熱性と高周波特性の良さに注目している。

また，この「MID」パッケージをベースにビルドアップし，多層にすることも可能である。

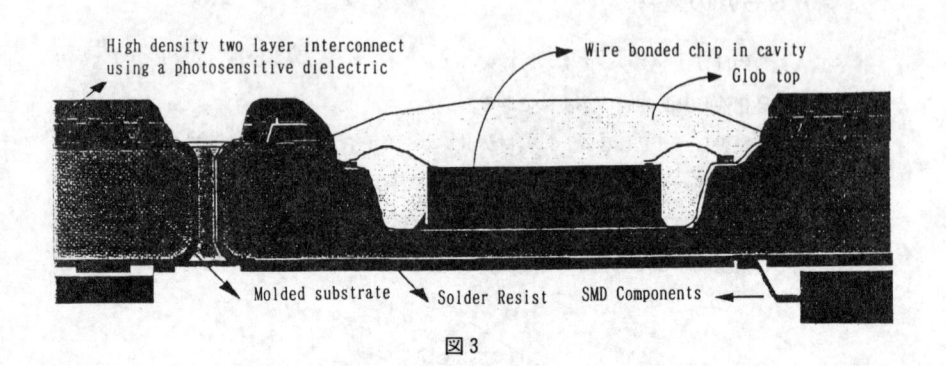

図3

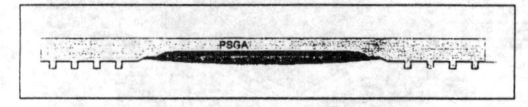

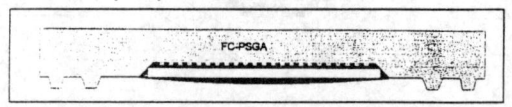

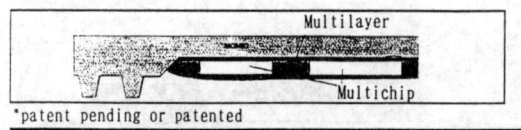

図4　PSGA応用例

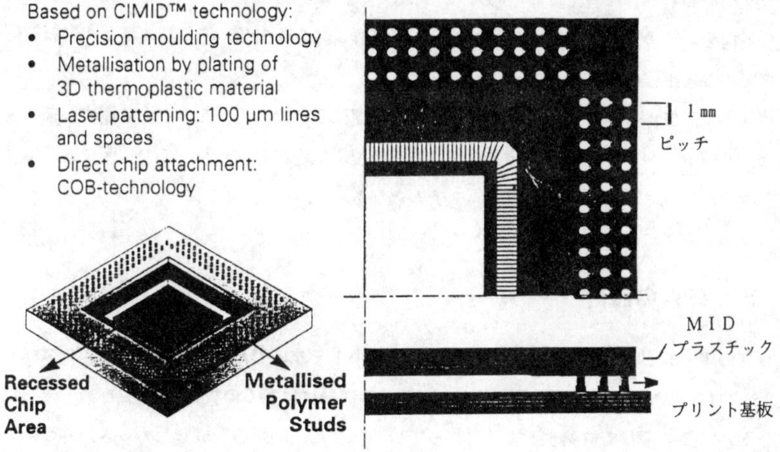

Based on CIMID™ technology:
- Precision moulding technology
- Metallisation by plating of 3D thermoplastic material
- Laser patterning: 100 μm lines and spaces
- Direct chip attachment: COB-technology

Recessed Chip Area　　Metallised Polymer Studs

1 mm ピッチ

MID プラスチック
プリント基板

図5　PSGA実装

4　PSGAの製造工程

PSGAは，従来のプラスチックパッケージを製造工程の中で省略できる。工程は次のとおりである。

① パッケージ-ハウジングの射出成形。
② めっき前処理，クロム酸を使用しない（シプレイ，アディポジット4・5プロセス）。
　　無電解銅→電気銅めっき15ミクロン
③ 無電解スズめっき0.6ミクロン
④ レーザー照射
⑤ エッチング
⑥ 無電解スズ剥離
⑦ 無電解ニッケル＋無電解金めっき

　成形は樹脂湿度，金型湿度を高く設定し，樹脂に含まれているガラスファイバーの表面への浮きをおさえる。

　めっき前処理は「環境にやさしい」クロム酸エッチングを使用しないプロセスで，プラスチックと銅のピーリング強度は，最低1N／mmの密着強度が得られる。

　15ミクロンの電解めっき後0.6ミクロンの無電解スズめっきがされる。この無電解スズめっきは銅のエッチングレジストとして使用される。この回路形成にはYAGレーザーが使用される。Y

AGレーザーが照射された部分は無電解スズが除去され，銅が露出する。スズをエッチングレジストとして銅をエッチングし回路形成ができる。無電解スズを除去し，無電解ニッケル，無電解金めっきでめっき工程の最終仕上げとなる。

このパターン形成に必要なYAGレーザーの照射時間は8秒である。この工程で銅めっきの後の工程は，リードフレームのようなリール→リールの製造工程が考えられ，この生産技術が確立すると，生産性が高くコストの安い生産システムとなる。

5　PSGAの設計

PSGAのボールとボールのピッチは1.27ミリで最小1ミリまで可能で，回路のラインスペースは100ミクロンである。チップを載せるキャビティの部分には多くの貫通孔があり，めっきした銅・ニッケル・金を通じて放熱する設計になっている。また，回路を形成しためっき以外の部分も残し，EMIシールドとヒートシンクの役割をもたせている。

これら，MID技術を，プラスチックパッケージに本格的に応用するにはいくつかの障害がある。それは，今後MIDを発達させるのに乗り越えなければならない課題でもある。

従来，LSIのパッケージはセラミックパッケージか熱硬化性のプラスチックであった。熱可塑性のプラスチックを使用するPSGAは，パッケージを製造する製造工程上の制約を受ける。特に問題となるのは耐熱特性であろう。

もう一つの技術的な制約は，セラミックや熱硬化性のパッケージで決められた「促進試験」の品質規格で，MIDを使用する実用条件にするための検討も必要となってくるであろう。

6　センシル・キャタリスト

ヨーロッパにおけるMIDの応用は，二つの方向がある。一つは大量生産する自動車部品等，もう一つはPSGAのような電子部品への応用である。工業化をする前提として大量生産する部品が必要である。日本では細線パターンのMIDが高い技術の証明であるような印象を受けるが，EMIシールドを含む大量部品を，従来の工法とトータル・コストで対抗するには，生産技術の確立とより生産性の高い工法が必要とされる。

シプレイ・ヨーロッパが開発した「センシル・キャタリスト」は，従来のスズーパラジウムキャタリストとは異なり，熱・UVで触媒化されるキャタリストである。

このセンシル・キャタリストは，1ショット成形の「MID」にも，2ショット成形のMIDにも応用が可能である。現在フランスでEMIシールドの部分めっきに量産化されている。

将来，このセンシル・キャタリストがより生産性の高いＭＩＤ工法をもたらすであろう。

　シプレイは，電着レジストを使用したＭＩＤ工法を含む，いくつかの特許を保有している。

　今後も，センシル・キャタリストも含む新しい工法を提案したいと考えている。しかし「特許」が工業化の発展を阻害するものであってはならないと考えている。

　ヨーロッパにおけるＭＩＤの発展に，シプレイ・ヨーロッパの果たしている役割は大きい。そして「ＭＩＤＩＡ」のメンバーとして参加している唯一のめっき薬品，レジストの製造メーカーである。当社はシプレイ・ヨーロッパとの技術交流・情報交換を強めながらＭＩＤの発展に寄与したいと考えている。

第13章　MIDの日本の市場と展望

川崎　徹*

はじめに

　MIDの実用化は，日本でも着実に進展しているようだ。実績では米国に少し遅れをとっているものの，欧州とほぼ互角の水準ではないかと考えられている。そして，今後の伸び予想でもここ数年間は，大変高い伸び率が世界的に見込まれている。

　しかし，実際の応用例を見て行くと各々に違いがある。とりわけ，日本と欧米の用途的相違は顕著で，MIDIA[1]でもそのことが度々話題になるといわれている。

　日本と欧米の用途的相違が何故生まれたかを多角的に考察したり，その理由を踏まえた今後の展開予想は重要な課題と考えられる。ただ，MIDとMCBとが混在して語られていた頃に，用途的相違の理由はともかく，MIDとMCBの用途的境界が大雑把に予想されていたことがあったが，この予想でMCB領域とされた具体例の多くを欧米が得意な分野と見做し，MID領域とされた具体例の多くを日本が得意な分野と見做すことは，可能かも知れない。

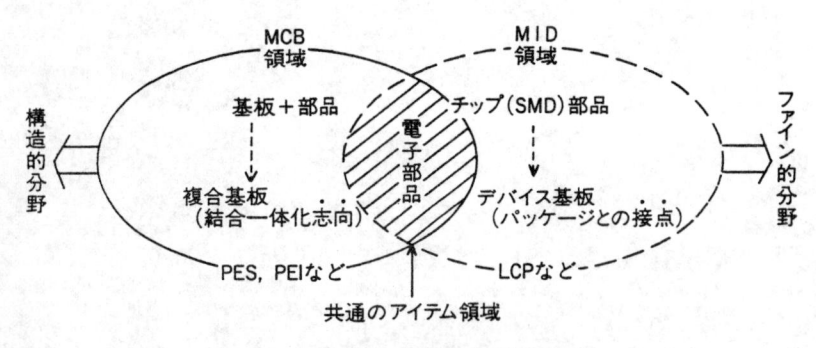

図1　MIDとMCBの用途的境界予想[2]

　MIDの用途と世界的地域（日・米・欧）に関係性があるとすると，実に様々な要因が考えられる。それらの要因を明らかにすることがここでの目的ではないが，特徴ある用途（応用例）が

---

*　Toru Kawasaki　㈲カワサキテクノリサーチ　代表取締役

MIDの有力工法と関係があるのではないかと思われる。

そこで，日本に於けるMID化の具体例を見て行く前に，MID工法のある側面にスポットを当ててみることにした。

1 実績のあるMID工法とその特徴比較

MIDの工法（プロセス）については，既に触れている。（MCB時代の世界的用途開発動向－1－2回路形成法の概要とMIDメーカーの提携関係，1－3代表的工法のプロセス－参照）

しかし，MIDの用途実績があると現在考えられている工法を再確認しておくことは，大事である。

1.1 MID有力工法の特徴

MIDの工法（回路形成法）で有力なもの，即ち用途実績のあるものは，海外では次の4種類だといわれている。

① Film Techniques
　FLEXIBLE回路基板＋INJECTION Molded Plastic Substrate
② Photo Selective Plating（PSP法）
③ Additive Photo Etching（APE法）
④ 2-Shot moldinng（Mold-n-Plate法）

これらの内，日本では①のFilm Techniquesは転写法と呼ばれており，②と③をまとめて1ショット法，④を2ショット法と呼ばれている。

このような括り方で，各々のプロセスとその特徴をまとめてみると，大よそ次のようになる筈だ。

表1 各工法のプロセス

1ショット法	2ショット法	転 写 法
成 形	一次側成形	転写フィルム作成
↓	（触媒入）	（回路形成）
粗面化	↓	↓
↓	二次側成形	転写成形
触媒付与	（非触媒）	
↓	↓	
無電解銅めっき	めっき前処理	
↓	↓	
回路形成	めっき工程	
↓		
各めっき工程		
↓		
レジスト剥離		
↓		
銅エッチング		

表2 各工法の特徴比較

工法 項目	1ショット法	2ショット法	転 写 法
回路変更の容易性	○	×	○
高密度配線	○	×	○
スルーホール可能性	○	○	×
厚膜配線の可能性	○	△	×
形状の自由度	△	○	×

　さて，MIDの業界ではよく知られていることだが，所謂2ショット法はPCKのMold-n-Plate法以外に，日本で誕生した工法も存在する。それがSKW法といわれるものである。

1.2 SKW法とPCK法

Mold-n-Plate法はPCK社時代に開発されたので，これをPCK法とすると，PCK法と日本のSKW法とは何（どこ）が違うのだろうか。

(1) SKW法

SKW法では，一次成形材料として液晶性樹脂（LCP）が用いられる。化学エッチングを行いやすいグレードを用いて一次成形が行われる。

次に，一次成形品に化学エッチング及び触媒処理を施し，これをインサート側として二次成形が行われる。この二次成形は，いわば二色成形の要領でよく，回路となる部分（一次側）を露出させるように行われる。この二次成形完了時点に於いてパターニングが行われたことになる。成形（流動）によって出来たパターニング品（二次成形品）は，無電解めっき工程を経て，回路成形品に仕上げられる。

一次側成形（C810） ⇒ エッチング処理 触媒処理 ⇒ 二次側材料で成形（例えばC130） ⇒ めっき工程

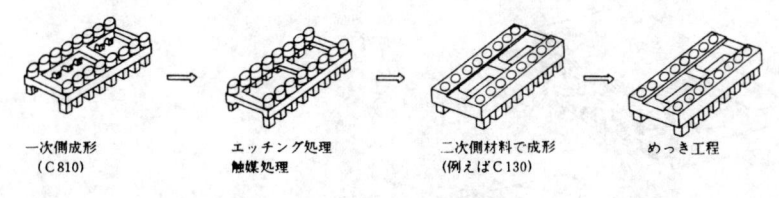

図2　SKW法のプロセス概要[3]

(2) PCK法

PCK法については既に触れているが，一次成形材料に触媒入りの非晶性樹脂が用いられる。例えば，PESなどで一次成形し，引き続き二次成形が行われる。（二次成形の要領はSKW法と同じ要領）

二次成形材料の選択はSKW法の場合，同一種の液晶性樹脂が用いられていたが，PCK法では基本的に二種類の材料が用いられている。

二次成形後に化学エッチング処理が行われ，続いて無電解めっきが行われることによって回路成形品が出来上がる。

一次側成形触媒入り材料 ⇒ 二次成形 ⇒ 化学エッチング処理 ⇒ めっき工程

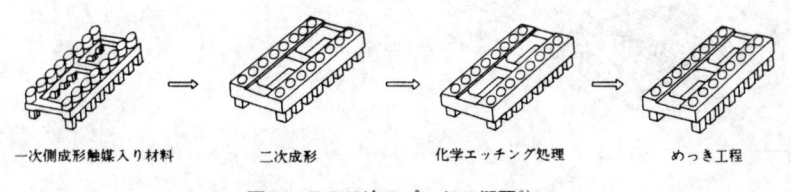

図3　PCK法のプロセス概要[3]

SKW法とPCK法の違いは，結果的に用途展開の違いとなって表われている筈だが，その前に両工法の特許について少し言及しておきたい。

1.3　2ショット法の特許

　ここでPCK法（Mold-n-Plate法）と呼んでいるものが日本で特許出願されたのは，昭和62（1987）年3月20日である。（優先権が主張されている米国の特許№は897298，1986年8月15日）

　公開特許公報（A）昭和63-50482，出願人はコルモーゲンテクノロジィズコーポレイションで，発明の名称は，金属化したプラスチック成形品及びその製造法となっている。

　全14頁にわたるこの特許の全容は紹介出来ないが，末尾にまとめられている実施例の各図が興味深いので，引用しておくことにした。

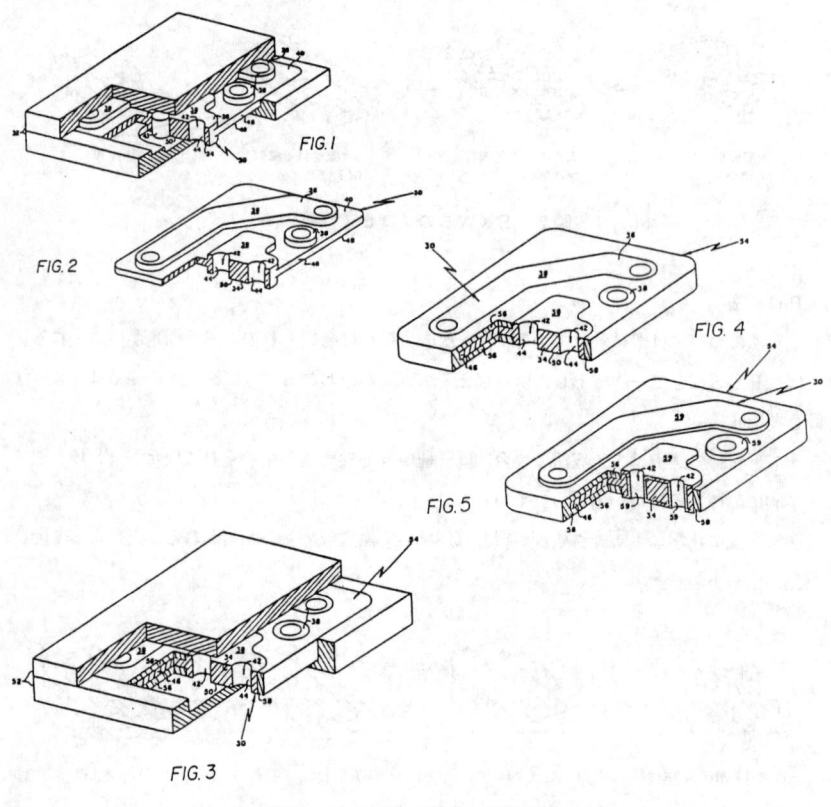

図4　PCK法（特許）実施例①

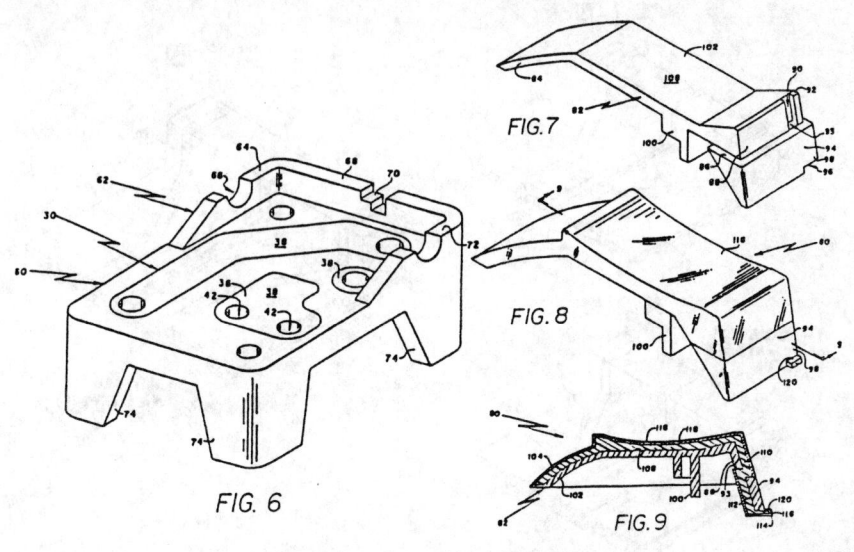

図5　ＰＣＫ法（特許）実施例②

次にＳＫＷ法であるが，これは昭和61（1986）年11月18日に特許出願されている。

公開特許公報（Ａ）昭和63-128181，出願人は三共化成㈱で，発明の名称は，プラスチック成形品の製法となっている。

この特許にも同じように実施例が図示されているので，やはり引用しておくことにした。

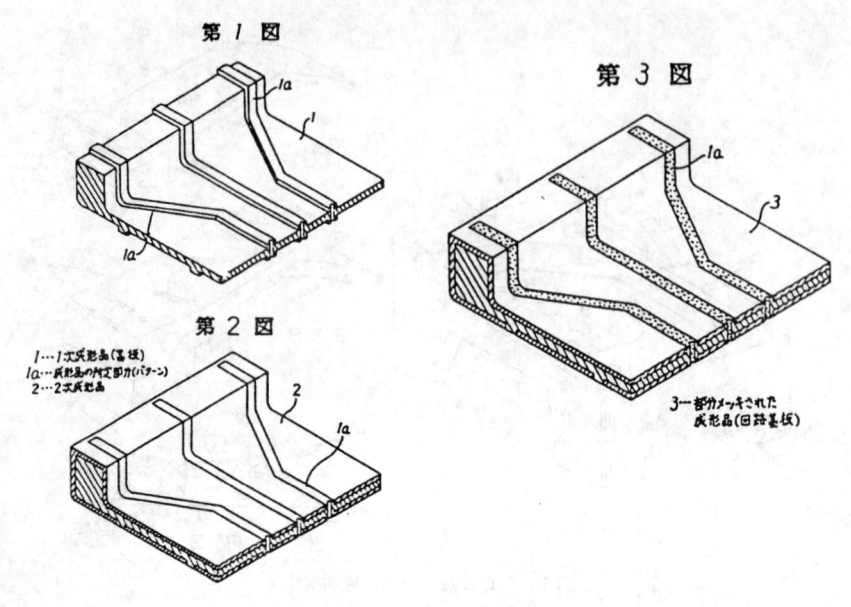

図6 SKW法（特許）実施例

2 日本のMID用途開発動向

　日本に於けるMIDは，日本のMIDIAのメンバーが中心となって開発が行われているといっても過言ではない。厳密にいえば，正式なメンバーではない先（大学や企業）の強力な支援があるが，これらの企業などもMIDを活性化する意味でMIDIAの趣旨には賛同（積極的）していると解釈される。

　日本のMID化の具体例の多くも，当然MIDIAのメンバーが関与したものが一般に知られているので，その内の幾つかを以下に見て行くことになる。

　ただ，その前にMIDIAのメンバーとは具体的にどこを指すのかを，まず見ておくことにしたい。

表3 MIDIA Members[4]

	Regular Members	Allied Members	Associate Members	Technical Liason Members
USA	Circuit Wise Crown City Plating El Monte Mitsui-Pathtek UFE	Ford motor	Shipley Spitfire Interconnect	New Jersey institute of Technology
Europe	Bolta-Werke Buss Fuba Moulded Circuits Phillips P&M		Shipley Europe	Research Association Loughborough Univ.
Japan	日立電線（株） 三井石油化学工業（株） 三共化成（株） 大阪真空化学（株） 三菱ガス化学工業（株） 古河電工（株）			

2.1 先行するMIDメーカーの事例要約

MIDIAに加盟している日本のMIDメーカーで，国内の用途開発に関して先行しているのは，1ショット法の大阪真空化学と2ショット法（PCK法）の日立電線，及び独自の2ショット法（SKW法）で知られる三共化成などではないかと想像される。

これら3社は各々，MIDに関する事例集やカタログを作成し，MIDの普及に努めている。

そこで，MIDの個々の用途例を見て行く前に，3社がまとめた具体例の概要を抽出してみることにした。

まず，大阪真空化学は自社が関与したMIDの用途例と特徴を，次のようにまとめている。

表4　大阪真空化学のMIDの用途例と特徴

用途例	特徴
チップLED	A．同一発光体で輝度が250％以上アップする B．リードがないのでリードレスチップ時代に対応できる C．同一チップで上方向も横方向も装着できる D．寿命がアップする
自動車計器指針	A．同一発光体で輝度が250％以上アップする B．リードがないのでリードレスチップ時代に対応できる C．軽量化ができる D．複雑な形状ができる
自動車携帯電話ケース	A．セットの厚みを薄くできる（デジタル化で効果） B．ケースにEMI処理と配線を同時にできる C．プリント基板を削除ができる
自動車ナビゲーション 光センサー（透明導電膜代替）	A．単品装着よりもワンユニット装着のため工数削減できる B．単品装着よりもワンユニット装着のため品質安定できる C．組立工数の削減（コストダウンになる）ができる
ページプリンター用露光器 （LEDヘッド）	A．単品装着よりもワンユニット装着のため工数削減できる B．単品装着よりもワンユニット装着のため品質安定できる C．組立工数の削減（コストダウンになる）ができる
ドットマトリックス	A．同一発光体で輝度が250％以上アップする B．リードがないのでリードレスチップ時代に対応できる
赤外線画像センサー	A．軽量化ができる B．コスト低減ができる C．片面EMI処理と片面立体配線が可能
LCD	A．ポリイミドフレキ基板とハード基板の一体化ができる B．基板＋構造体の機能付与ができる
ハイブリッドIC用QFP (Quad Flat Package)	A．プリント基板が立体両面プリント基板となり面積が半減できる B．同一金型で多種多様なパターン対応が可能
ICカード基板	A．従来より一層薄型化ができる
携帯電話用ケース	A．
光磁気センサー	A．センサー本体へのフレキ基板張り付けが削除できる B．ポリイミドフレキ基板の削除ができる C．軽量化・小型化ができる D．センサー応答のスピードアップができる
CD光ピックアップ	A．ポリイミドフレキ基板の削除ができる B．ピックアップ本体へのフレキ基板張り付け削除
フォトインタラプター カメラ関係	A．同一発光体で輝度が50％以上アップする B．リードがないので取り扱いが簡単 C．小型化・軽量化が可能

しかし，表4の総てが量産化につながった実用例とは考えにくく，トライアルも含めたものと解釈されるので，この後の具体（実用）化例を見るところでは，チップLEDなどにフォーカスしてみることにする。

次に，日立電線は自社が手掛けるMIDを広義に捉え，その目的と利点を具体（用途）的に対応させている。リードフレームをインサート成形するようなものなどをMIDのカテゴリに入れているところに事業的なこだわりが感じられるが，後の具体化例では2ショット法によって合理化が図られた事例を取り上げることになる。

表5　日立電線MID化例の目的と利点

目的	利点	用途	具体例
自動化及び組立性改善	三次元性 大電流	ワイヤレス（銅バー・基板一体化）	NC制御装置 各種インバータ回路
		ワイヤレス（フレーム・樹脂一体化）	エアコン主回路基板 エレベータスイッチ
		ワイヤレス（端子・基板一体化）	交換機スイッチ基板
		ワイヤレス（ケース・回路一体化）	LEDチップケース
接続点数削減 信頼性向上	三次元性 耐熱性	三次元アセンブリ	カーエアコンセンサ プリンタホトセンサ プローブ接続スペーサ
		基板外部接続用リードレス	ハイブリッドIC 発電機スイッチ基板
小型化	精密成形 三次元性	FPCの代替	水晶デバイスホルダ プリンタホトセンサ
		基板面積縮小	自動車電動パワステ
材料の改善	耐摩耗性	紙フェノール基板の代替	モータブラシ接触部
	耐熱性	ガラスエポキシ基板の代替	エンジン廻り回路基板

また，次の三共化成のＭＩＤに関するカタログは，国内では一番早く登場して来たもので，立体回路の次元が分かりやすく紹介されている。（フェーズ1.5，2.5，3.0）
　応用例も，現在メジャーになりつつある移動体通信分野の部品などに触手が届いており興味深いものがあるが，この後にまとめられる用途例では，ＭＩＤの市場規模が今後どの程度大きくなるのかどうか，将来性を左右するような有望用途（テーマ）が正しく指摘出来るかどうかが，課題であると考えられる。

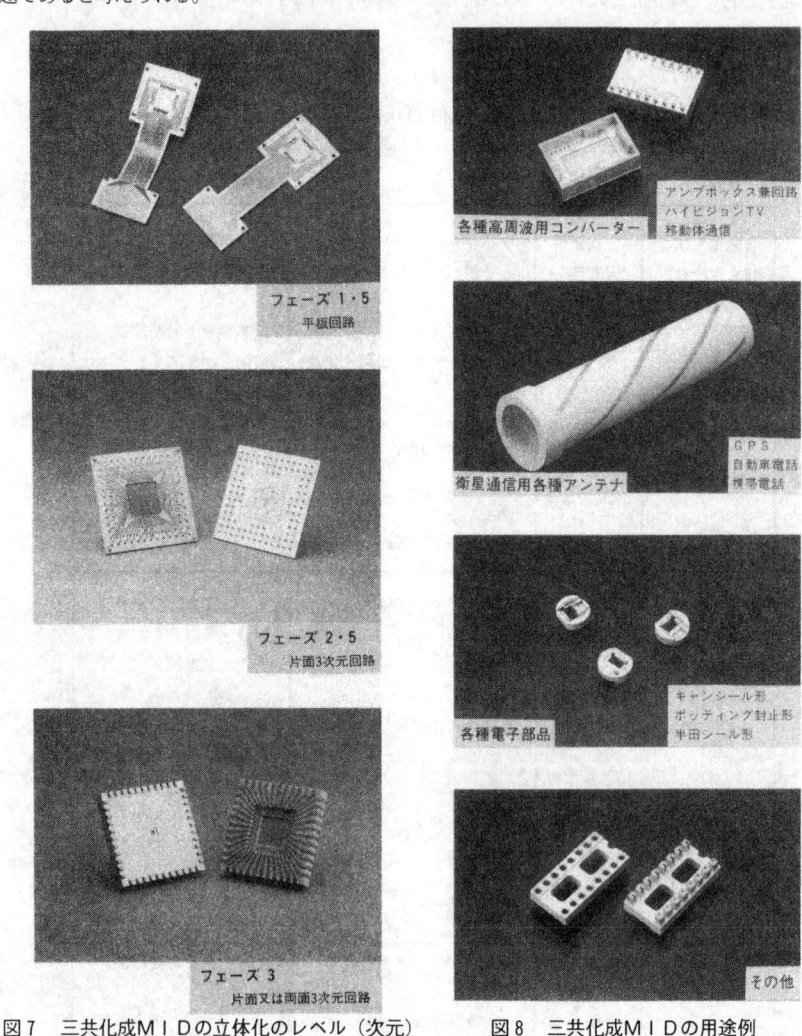

図7　三共化成ＭＩＤの立体化のレベル（次元）

図8　三共化成ＭＩＤの用途例

2.2 1ショット法の用途例

1ショット法で成形品にめっきで回路を形成する方法としては，成形品にフォトマスクをかけて紫外線露光を行うフォトイメージング法やレーザ光を用いる直接露光法などがあるようだが，MIDの代表的用途ともいえるオプトデバイスパッケージ（チップLED etc.）では，フォトイメージング法の採用が目立っている。

日本では，側光型チップLEDで1ショット法によるMID化が図られてから，このカテゴリに含まれる類似用途といえるフォトセンサーなどが実用（MID）化されて来ている。

(1) チップLED

チップLEDのMID化に関してはMIDメーカーだけではなく，ユーザーに相当するオプトデバイスメーカーなどからも開発動向が発表されている。

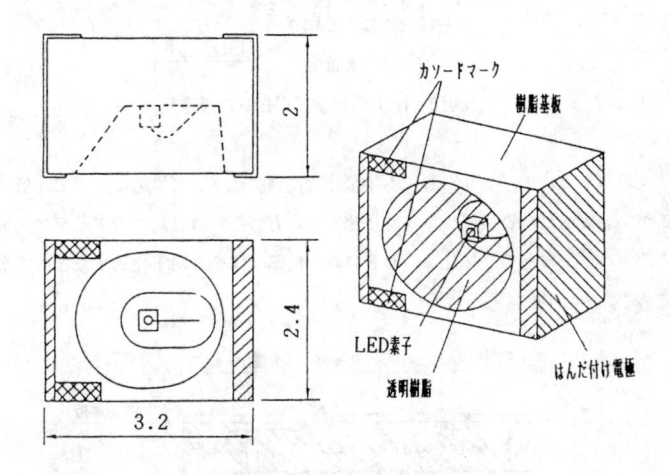

図9 側光型チップLEDの構造[5)]

図9は，開発当初にシチズン電子が実装関係の雑誌に投稿したものである。側光型とは側面発光型のことで，LED素子を内蔵する為のパッケージ内の金めっき部分をリフレクター機能としても活用し，高輝度化が図られている。

開発初期の商品名はCITILED(CL)-180シリーズだったと記憶するが，この実用例が関係業界に与えたインパクトは小さくなかったようだ。チップLEDは小さくても数が多いので，今でもMIDの代表的アイテムの座を占めていることになる。

次の図は，シャープが公表しているMID化されたチップLEDの構造である。

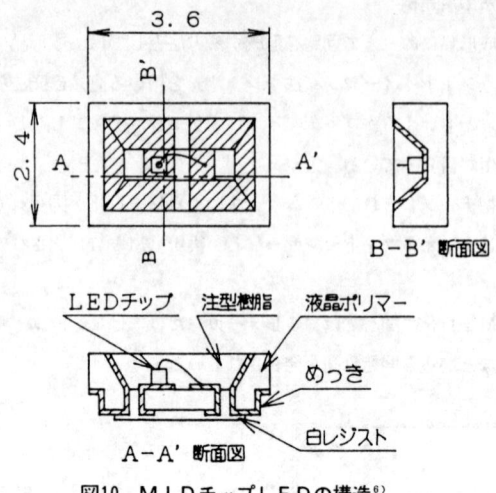

図10 MIDチップLEDの構造[6]

　シャープのMID化チップLEDでも小型化と高輝度化（従来構造に比べて4倍）が特徴となっているが，公表された資料（シャープ技報）でおもしろいのは，このアイデア（MID化）で基板や周辺のパーツなどを一体化し，LEDの支持部全体をSMT化しようとする次のようなイメージである。

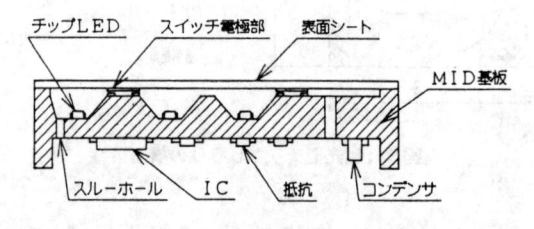

図11 MID技術の応用[6]

(2) フォトセンサー

　次のフォトセンサー（フォトインタラプター）パッケージは，先のチップLEDと同じくMID化によってリード端子をなくし，実装電極部の変形がなく高密度実装が可能になったといわれている。

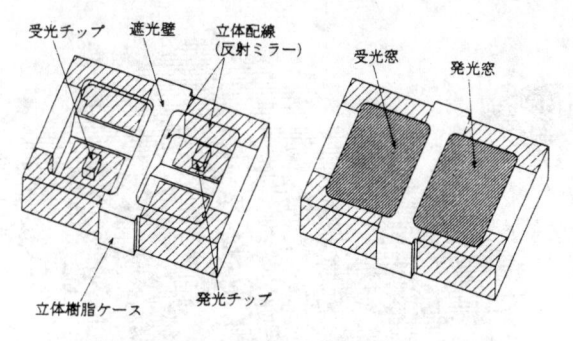

図12 MID-フォトインタラプタ[1]

　従来法と比べて約40％以上小型化し，めっき電極面を反射鏡として兼用するので，光の利用効率が30％以上向上すると伝えられている。

図13 反射型フォトセンサーの外観[8]

　ところで，国内で実用化されているチップLEDやフォトセンサーパッケージは，いわば多連化した形態で製造（成形，パターニング）され，LEDの実装，ワイヤボンディング，エポキシ樹脂封止，硬化，検査などが行われ，最終的にダイシングカットなどでパッケージ電極の分割，部品単体にするような方法が多いといわれているが，これはコスト的にも理に適ったアイデアであると考えられる。

カット面

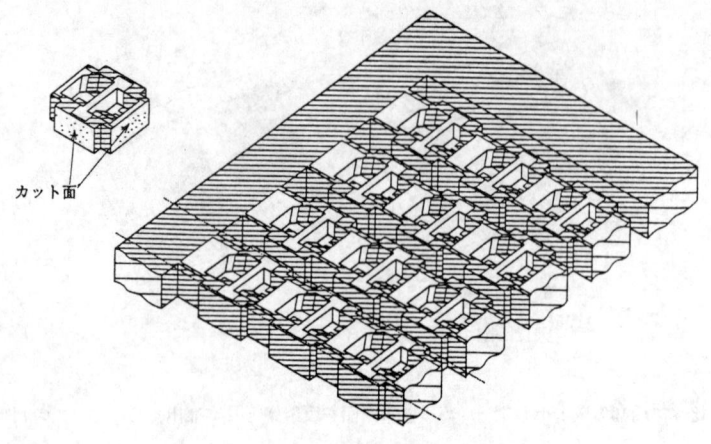

図14　1ショット法の分割概念[9]

2.3　2ショット法の用途例

　2ショット法によるMIDは，PCK法とSKW法とによる開発が繰り広げられている。各々の工法には長所・欠点があり，MIDメーカーとユーザーの設計担当者との間で工法の長所が設計上のメリット，製品化工程の付加価値，製品の利点（特長）とって見えて来ないと，理屈の上ではどのような回路成形法を採るのがベストであるかは，分からない。

　金型が2面必要な2ショット法が検討（提案）される場合は，事前のシミュレーションに時間もコストも掛かる。しかし，練り上げられたアイデアは結果的に，従来技術（工法）の延長上にあるものとは一味違った要素部品（デバイス）に仕上がっている筈で，その新規性にコストメリットが付随する限り，MID化の試行はもっと広がって然るべきだろう。

　ただ，現在の実用化レベルを冷静に見てみると，コスト的ハードルの捉え方も近視眼的で，2ショット法による評価の仕方に，時代的な新機軸を導入しないと革新的な伸びは期待出来ない惧れもある。

(1) 交換機（スイッチ回路用）

図15　交換機（スイッチ回路用）

　これはPCK法が採用された用途である。この交換機は，電話関係のもので，従来品と比べて大幅に部品点数が削減され，コストダウンに繋がったといわれている。プロセスの概要は，次のようになっている。

一次成形品
　　（触媒入樹脂）

二次成形品
　　（非触媒樹脂）

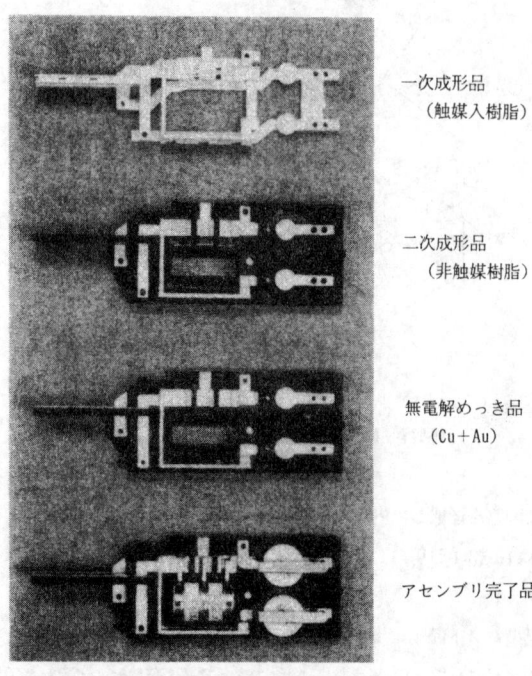

無電解めっき品
　　（Cu＋Au）

アセンブリ完了品

図16　PCK法のプロセス実例[10]

173

なお，一次成形品（1 shot）には，回路用としてPESが使われ，二次成形品（2 shot）はハウジング用としてLCPが使用されている。また，MIDの効果は以下のようにまとめられている。

（効果）
1）接続点数削減　　17点→9点
2）部品点数削減　　12点→6点
2）コストダウン　　約30％

(2) アイソレータ

携帯電話用のアイソレータ[注] として，1990年に容積が0.2cc，重さ0.8gの表面実装対応のSMDの樹脂ケースに採用されたのが，次の図である。

(注) アイソレータ
　　一方向から他方向へは信号を伝達するが，その逆方向には伝達しない素子で，
　　通信機では発信機に対する外部回路の反作用を阻止する為に用いられる。

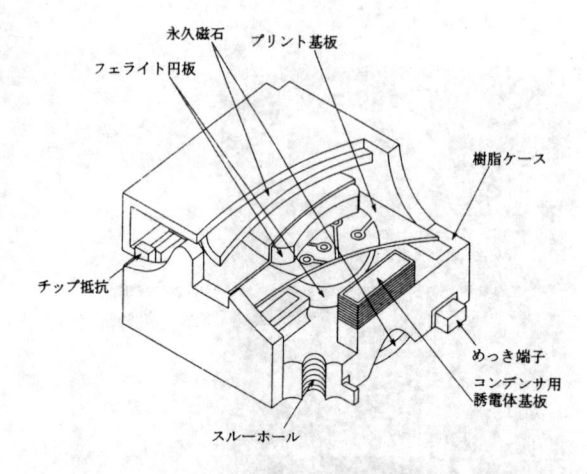

図17　MIDアイソレータの構造[11]

ケースにめっきで回路を形成し，内部電極と外部入力端子が接続形成されている。複数の部品がケースと一体化され，MID用のLCP（ベクトラ）のはんだ耐熱性や高周波特性が注目された用途でもある。

しかし，電子部品のコスト競争は熾烈で，リードフレームのインサート成形を駆使して同等のパッケージが作れるようになると，どうしても低コストで済む方法へシフトして行くようだ。

(3) ソーラーセンサー

このソーラーセンサーは，スウェーデンのSAAB-SCANIA社のSAAB9000シリーズに搭載されたエアコンディショナー用の光センサーである。

図18 ソーラーセンサー

これによって，太陽光の車室内へのアンバランスな輻射エネルギーを検知し，快適な空気調和を可能にしたといわれている。センサー本体は太陽電池式で頂部と4方向に合計5個配置され，その起電力を計測して温度補正値各々の差から，太陽の方位や高度，日射エネルギーなどをワンチップマイコンで算出している。センサーの受光部や回路部やコネクター部などを一体化する方法として，LCPを使ったSKW法によるMIDが考えら（選ば）れたことになる。

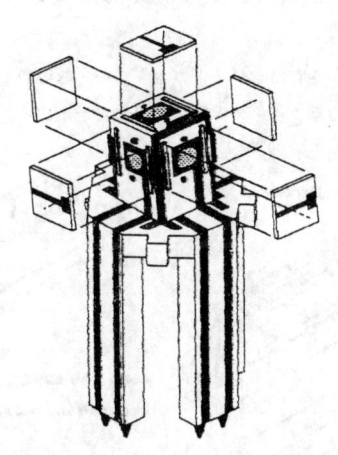

図19 ソーラーセンサーの支持部(ボディ)にシリコン素子をはんだによって固定する工程[12]

(4) スピンドルモータベース

次のハードディスク用のスピンドルモータベースの場合は，従来はアルミダイキャストなどの

ベースにフレキシブル基板を接着し，片側にはコネクタの端子ピンがはんだ接合されていたものである．

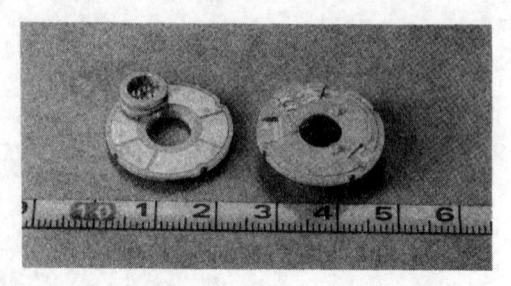

図20　モータ用コネクタベース（ボード）[13]

　立体的な形状を射出成形によって形成し，その表面に回路が形成されているが，表面の回路は各々独立したスルーホールにつながり，更に金属ピンをスルーホール内に圧入することによってコネクター機能と電気的接触を持たせている．

　この事例でも，部品点数を3部品から1部品に削減出来，しかもフレキシブル基板の固定，その基板とコネクター端子部との接合工程などが省略出来る等々のメリットが指摘されている．

(5) シールドコネクター

　一般に，MID技術が生かされたシールドコネクターと呼ばれているものは，コネクターメーカーによると，高速伝送用コネクターの一種に適用されたものを指すようだ．

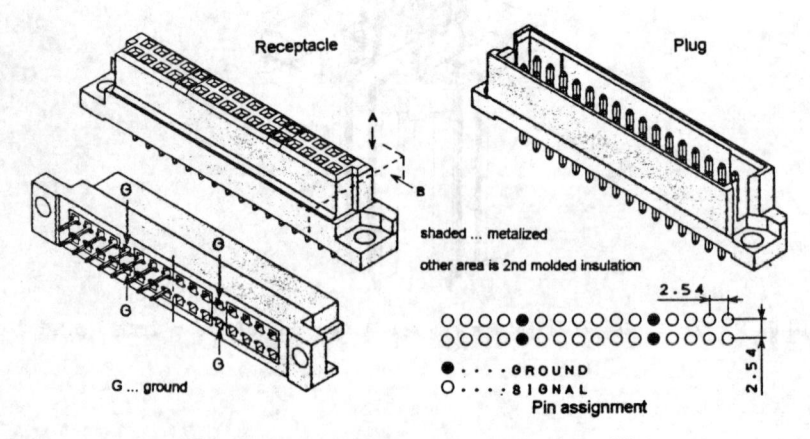

図21　Prototype MID applicated DIN connector[14]

この種のコネクターにMIDを生かすそもそもの狙いは，コスト低減と信号利用率の改善にあったらしい。高周波特性に効果がある材料の選択やめっき技術，及びそれらを活用化し得る設計技術などが相俟て，今回は特にクロストークの低減効果が大きかったと伝えられている。

コネクターのポテンシャルは極めて大きいだけに，この分野の趨勢は大変気掛りである。

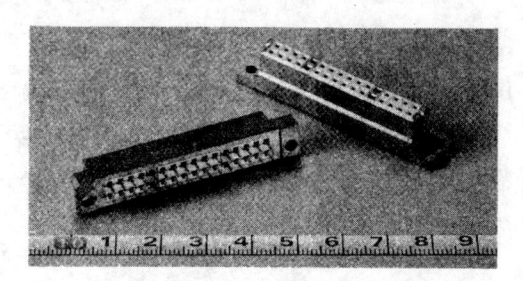

図22　試作シールドコネクターの外観

(6) 携帯電話用内蔵アンテナ

携帯電話用の内蔵アンテナにMIDが適用されたことも，インパクトは大きかったと想像される。

内蔵アンテナから類推される近傍の用途（テーマ）は，少なくないからである。

MID内部アンテナによって，部品点数が減り，それがアセンブリ工程を簡略化することになり，アンテナの性能を向上させたといわれている。

図23　MIDアンテナ（LCP／SKW法） 　　図24　MID内部アンテナとS-PS製シールドケース[15]

177

しかし，携帯電話の技術革新のテンポは早く，コスト競争も厳しいので，アンテナやシールドケースがどのように設計され，何を究極の狙いとしてＭＩＤが生かされるかは，次世代機種の開発設計者の頭の中にしかない。次のステップで生かされるＭＩＤ化でないと，安閑とはしておれないところが，ＭＩＤの事業的な酷さでもある。

2.4 その他（ＭＩＤ類似用途例）

日本に於けるＭＩＤの主力工法が，所謂１ショット法と２ショット法に大別されることは，既に述べた通りである。けれども，日本のＭＩＤメーカーの中には，ＭＩＤを広義に解釈してというよりも，ＭＩＤに近い技術的コンセプトとしての配線の合理化例などを詳しく紹介しているところがある。

ＭＩＤＩＡでは，このような例をＭＩＤとして捉えていないようであるが，例えばある種のリードフレームインサート基板などは，将来ＭＩＤ化が検討される恰好なテーマでもありえる。

だとしたら，ＭＩＤ化の潜在的可能性を秘めた次のようなリードフレームインサート基板の動向にも，一応の関心は持っておくべきではないだろうか。

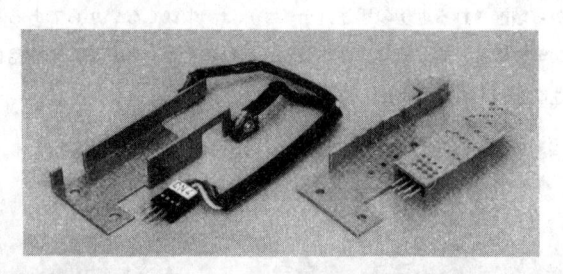

図25 リードフレームインサート基板（左側は従来品）[16]

これは，プンリターの紙送りセンサー用の基板といわれている。リードフレームを打ち抜き，曲げ加工後インサート成形し回路を形成したものであるが，次のような効果があったと強調されている。

（効果）
1) 部品点数の削減　　17点→１点
2) 工数低減　　　　　組立（サブ組含む）約12分→０分
3) センサー取付位置調整不要

178

4) コスト　　　従来品の56％
　（注）使用樹脂　PPS

3　日本の市場動向

　MIDのワールドワイドな市場動向に関する考察は済んでいる。MIDIAの見方と左程大きな違いはなかったものの，欧州と日本の伸び方に見解の差があるといえるようだ。
　市場展望（伸び予想）には，必ずその根拠なり前提条件がある。根拠と考えられるものを明示し，それを相対化することによって，本当に意味のる予測が可能となる筈だ。

3.1　国内の伸び予想

　世界のMID市場をどのように見ているかを，もう一度再現してみることにする。

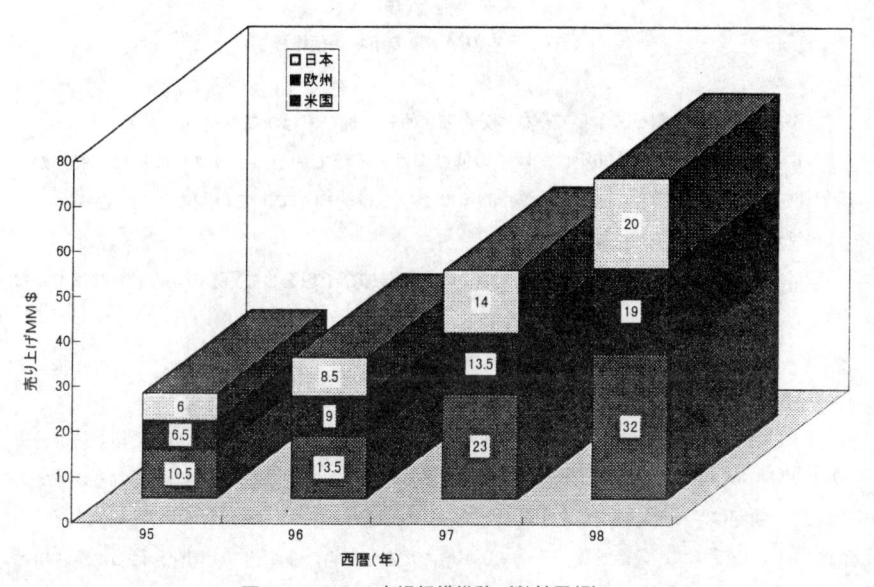

図26　MIDの市場規模推移（弊社予想）

　この予想で特徴的なことは，今年以降は日本の市場が欧州の市場規模を上廻るのではないかという読みである。僅差であるとはいえ，この読み（見方）はMIDIAとの明らかな違いである。

図27　日本のMIDの市場規模推移

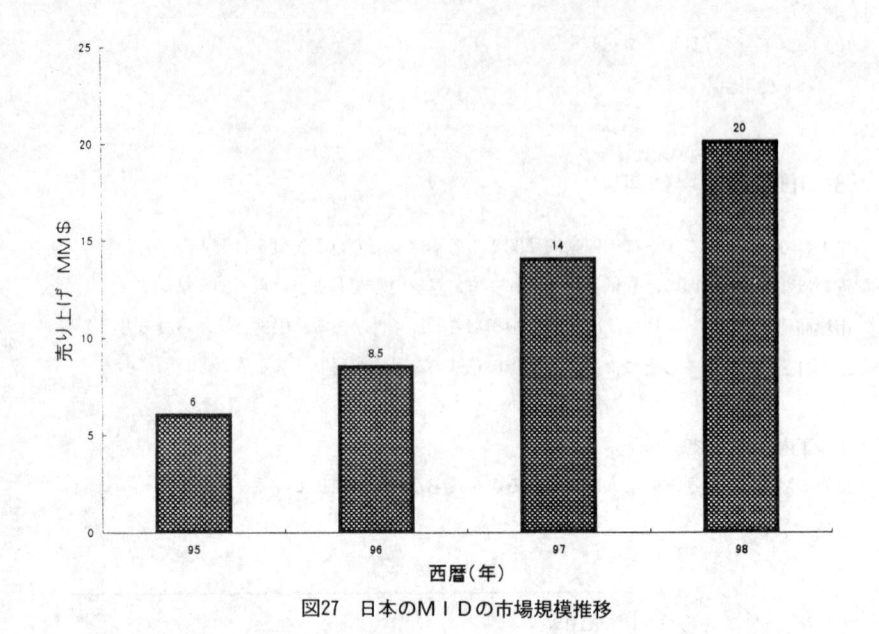

　日本だけの市場予測を図示してみれば分かるように，伸び率はかなり高い。
　ちなみに，'95年から'96年にかけての伸び率は対前年で約42％アップ，同様に'96年から'97年にかけては約65％，'97年から'98年にかけては約43％で，この間の年間伸び率は50％増が見込まれていることになる。
　では何を根拠に，どのような情報を元にこのような伸び予想をしているのかに触れなくてはならない。

3.2　伸び予想の前提条件

　MIDの市場が日本を含めて世界的にまだまだ伸びると見るのは，MID市場の絶対値（分母）が小さい為に，MID化のトライアルがもっと多くのテーマで続けられると考えられるからである。この傾向は，今暫く続くだろう。
　しかし，トライアルの絶対数（テーマ）が増えたとしても，量産化（本格化）につながる用途は限られて来る。どのようなものが残るのか，その見極めが問われるのである。
　日本でMIDが本格化する可能性があるのは，電子部品や半導体パッケージのようなテーマに出番が見えて来た為である。チップLEDのパッケージ用途が日本で開発され，今もMIDの市場形成の一翼を担っていることは，既に確認済みである。オプトデバイスパッケージ以外のパッ

ケージもターゲット（候補）になるとすると，潜在的需要は桁違いに大きいといえる。

　半導体パッケージ関係の用途は，これまでに1ショット法でも2ショット法でもトライされ，あるパッケージはユーザーのカタログで量産対応が可能であると謳われたこともあったようだ。

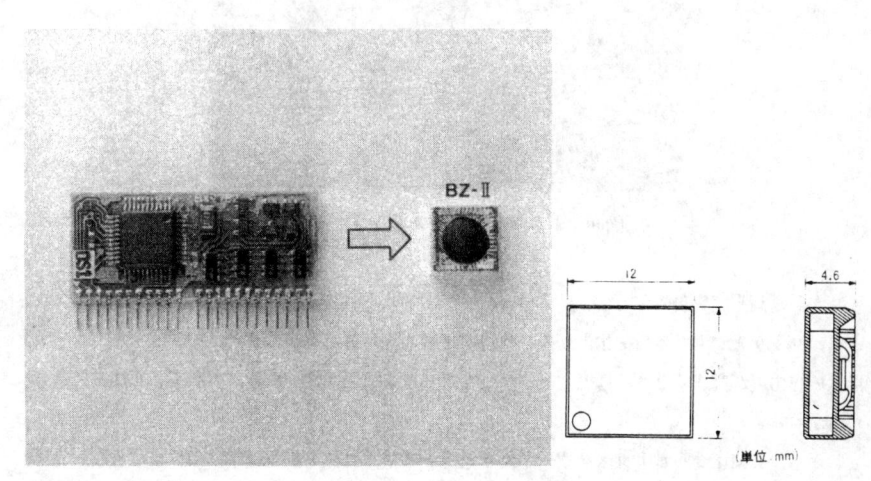

図28　SMTハイブットパッケージ(右側)[17]　　図29　SMTハイブットパッケージのサイズ

　MIDが半導体パッケージ用途でテイクオフする為の最大の課題は，SMT化にとっては不可避である配線のファイン化がこの種（MID）のめっき技術で，どこまで対応出来るかであるといわれている。パッケージに描かれる微細配線の精度は，即パッケージの信頼性に効いて来る。

　次の図は，2ショット法によるIC用のリードレスチップキャリアである。これが試作された当時よりも現在は更にファインピッチ化が可能といわれているが，実用化はまだその先（上）のレベルであるといわれている。

図30　IC用リードレスチップキャリア

　しかし，高密度実装の有力な次世代パッケージと考えられてるMCM(Multi Chip Module)などは，パッケージ回路の微細化よりも，回路が立体に描けることが重要で，モジュール（ケース）形状の自由度が高まること，基板・パッケージデザインの選択幅が格段に広がることなどに重きが置かれる。
　しかも，EMIシールドコネクターの例でも分かるように，高周波領域になればなる程，信号利用率の改善（クロストークの低減効果 etc.）などが問題になるので，MIDによる電気的性能の向上もプラス要因に数えることが出来る。

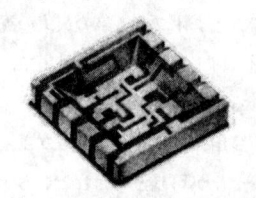

図31　MIDによるMCMケースイメージ

　従って，現状の電子部品や半導体パッケージで置き代わる可能性のあるものと，次世代のパッケージに相当するテーマで出番があるものとの2通りが考えられることになるが，いずれにしても何等からパッケージにMIDの接点があると予想して日本のMIDの将来を占ったが，その答は間もなく明らかになる筈である。

文　　献

1) ＭＩＤＩＡ (Molded Interconnect Device International Association) 1993年に誕生したＭＩＤに関する国際交流機関
2) 川崎：ＭＩＤ，ＭＣＢの実用化動向とその背景（型技術）'92.7
3) 湯本：2ショット法によるＭＩＤ表面技術 Vol.41, No.7, 1990
4) 市毛，石綿：活動報告「ＭＩＤＩＡの現状」（ＭＩＤ研究会）'96.12
5) シチズン電子
6) 岡崎その他：ＭＩＤ技術を応用したチップ部品型ＬＥＤの開発（シャープ技報）第59号 1994年8月
7) 伊藤：ＭＩＤＩＡ　ＭＩＤ成形回路部品（エレクトロニクス実装技術）Vol.12, No.8, 1996.8
8) 東芝
9) 伊藤：ＭＩＤＩＡ　ＭＩＤ成形回路部品（エレクトロニクス実装技術）Vol.12, No.3, 1996.3
10) 駒木根，高場：ＭＩＤを中心とした配線合理化製品事例（エレクトロニクス実装技術）Vol.12, No.8, 1996.8
11) 伊藤：ＭＩＤＩＡ　ＭＩＤ成形回路部品（エレクトロニクス実装技術）Vol.12, No.11, 1996.11
12) 伊藤：ＭＩＤＩＡ　ＭＩＤ成形回路部品（エレクトロニクス実装技術）Vol.12, No.4, 1996.4
13) ポリプラスチックス社のＭＩＤカタログ
14) 萩原，湯本：ＭＩＤ応用高速伝送用コネクタ（ＭＩＤ研究会）'96.12
15) 馬場その他：携帯電話用ＭＩＤ内蔵アンテナと耐熱プラスチックシールドケースの開発（ＭＩＤ研究会）'96.12
16) 日立配線合理化製品事例集　1992.11
17) ローム

第4編　ＭＩＤの特許動向

第14章　日本の特許動向

シーエムシー編集部

1　素材，形成部品に関する特許

　既存のMIDでは，回路形成をメッキ加工に依るものが多くを占めていたが，最近では樹脂自体に導電性を付与して立体配線を形成する技術が見られる。このような導電性プラスチックは従来のMIDでは成形出来ず，回路部分のみの使用にとどまるなど制約も考慮されるが，工程の大幅な削減に貢献し，且つ成形成形樹脂中に回路を埋入し易く，製品の形状を自由に設計することが可能になるなどの利点も多く，その特性を生かす工法も多様である。

　その他，軽量化，耐熱性，流動性に優れた成形用合成樹脂も開発され，その特性に見合った金型などに使用する合金とのマッチングも多種，多様に考案されている。

　現時点よりさらに，MIDを使用した成形品の小型軽量化，回路の高密度化，成形工程での高歩留りなどが望まれる中，エンジニアリングプラスチック及び合金の開発，成形工程での部材の改良などが，MID自体を進化させていく主な要素であるといえよう。

　以下，使用素材，形成部品などに特色を持つものを列記する。

特許出願　平01-511741[H 1. 9.26]
特　表　平03-502025[H 3. 5. 9]
名　称　高精度回路パターンを備えた曲線形プラスチック本体
＜内容＞銅と可撓性基板との積層体に金属パターンを形成し，モールド内に配置し，充填する。硬化した成形物は可撓性基板を取り付けた曲線本体と金属パターンを有する。後に熱硬化物と熱可塑物の両方の内部応力を除去する為に加熱する。曲面に適合した高精度の回路が得られる。
出願人　US-121920　ロジャース　CORP
発明者　ランディ　ビンセント　アール

特許出願　平02-242470[H 2. 9.14]
特　開　平04-123490[H 4. 4.23]　特公
名　称　金属層を付与した熱可塑性樹脂成形体
＜内容＞射出成形時の樹脂温度が70〜420℃，最適温度は150〜250℃の間で融点または半溶融状態

となる合金, 非共結晶型の錫+亜鉛, 錫+ビスマス合金などを厚さ1～200μm, 最適は40～130μmで三次元構造を有する成形品の表面に強固に密着させることにより, 金型形状を忠実に転写した面を得られる。

出願人　27-000003　旭化成工業㈱
発明者　安田　和治

特許出願　平02-334357[H 2.11.29]
特　　開　平04-199781[H 4. 7.20]　特公
名　　称　立体的導電回路を内蔵封入した立体成形品及びその製造方法

＜内容＞一次成形品として支持フレームと連結固定した立体回路基体を熱可塑性樹脂で成形し, その表面に金属めっきを施し導電部を成形する。これを金型に固定し, 立体的導電部を内蔵封入してフレームを露出した二次成形品を形成し, 固定用フレームを切断する。効率的に立体的導電性回路を内蔵封入した合成樹脂成形品を製作できる。

出願人　27-327843　ポリプラスチックス㈱
発明者　宮下　貴之, 明田　智行

特許出願　平05-184063[H 5. 7.26]
特　　開　平07-40389[H 7. 2.10]　特公
名　　称　立体配線基板の成形法

＜内容＞立体配線基板用薄肉成形基板成形時, 樹脂を流動させるフィルムゲートを製品長辺部に設けその対面の流動末端部に樹脂受けのタブを作る。

　そして, 樹脂硬化後, タブとゲートは切断する。

　これにより, 樹脂充填時に流動性は均一に保持され, 薄肉の成品でも反りや捩れが生じない。

出願人　13-000446　三菱瓦斯化学㈱
発明者　関　高宏, 大戸　秀

特許出願　平06-132935[H 6. 6.15]
特　　開　平07-335999[H 7.12.22]　特公
名　　称　複合回路基板の製造方法

＜内容＞無電解メッキ用触媒を含む耐熱性合成樹脂材を電力用回路導体を装填した金型に溶融注入し, 回路を内蔵する絶縁基板を成形する。この基板に信号回路パターンを除外したレジスト層を形成し, 無電解メッキ処理を行い信号回路導体を設け, 信号と電力回路導体とをスルーホール

で導通させて，生産性の優れた複合回路基板を形成する。
出願人　13-351584　矢崎総業㈱
発明者　滝口　　勲

特許出願　平03-295438[H 3.11.12]
特　　開　平05-136546[H 5. 6. 1] 特公
名　　称　プリント配線板の製造方法
＜内容＞形状記憶合金の平坦面に導電パターンを形成後，熱処理を行い形状を復元させる。その形成面を金型の内面と間隔を有するように対面させ，その間隔に溶融樹脂を注入硬化してプリント配線板を得る。形状記憶合金の可逆的形状変化の特性を生かして3次元形状の配線板上に印刷材料を塗布し，電気部品を搭載し易くする。
出願人　27-000582 松下電器産業㈱
発明者　松岡　広彰

特許出願　平05-28516[H 5. 1.25]
特　　開　平06-23855[H 6. 2. 1] 特公
名　　称　立体回路形成方法
＜内容＞光硬化性液状樹脂にレーザー光を照射しながら立体回路基板の回路形成面と同一の面を形成する事により，立体状のマスク体を作成し，このマスクの光透過部はレーザ光を照射せずにスリット状に開口させてから他の部分には無電解めっきを付着させて遮光部を形成する。この立体回路露光用マスクを使用すると，露光用エネルギーのロスと光透過部樹脂の劣化を防ぐことが可能となる。
出願人　27-000583 松下電工㈱
発明者　鈴木　俊之，内野々良幸，中島　勲二，北村　啓明，鎌田　策雄，大谷　隆児，
　　　　岡本　　剛

特許出願　平05-264497[H 5.10.22]
特　　開　平07-122825[H 7. 5.12] 特公
名　　称　立体成形回路基板及びその製造方法
＜内容＞PPSフィルム上に接着層(10～50μm)を介して所望の回路パターンの導電箔を有する回路フィルムをPPS樹脂成形体に溶着一体化する。この時の金型温度は90～160℃，PPCの射出温度は280～360℃である。このことにより，実装工程やリフロー工程等での耐熱性と強度に優

189

れた立体成形回路基板が得られる。
出願人　27-000504　シャープ㈱
発明者　梶本　公彦，深沢　康男，田村　剛

特許出願　平05-219999［H 5. 9. 3］
特　　開　平07-74451［H 7. 3.17］特公
名　　称　回路基板の製造方法
＜内容＞電気回路に対応する畝状の突条を形成した基本金型に射出成形して突条が露出した転写型にメッキ加工を施し突条の頂部に回路導体を形成し，また射出成形を行うことにより，金型の耐久性が高く，生産性の優れた回路基板が製造できる。
出願人　13-351584　矢崎総業㈱
発明者　大島　毅

特許出願　平06-69221［H 6. 4. 7］
特　　開　平06-296064［H 6.10.21］
特　　公　平07-77286［H 7. 8.16］
名　　称　立体電気回路基板及びその製造方法
＜内容＞易メッキ性と難メッキ性プラスチックスで電気回路を形成するように組み合わされ，一体化した段差部を有し，その段差部の角隅部の断面部が円か隋円のように角がないように曲面化することにより，回路の無線事故を皆無にし，浮き上がりを防止することができる。
出願人　27-327843　ポリプラスチックス㈱
発明者　岡田　常義

2　回路のパターニング及びプリント回路基板に関する特許

　ＭＩＤの初期段階においては，プリント配線基板を如何に三次元に置き換えていくかが重要であったが，プリント配線基板の形成技術の向上により，現在ではプリント基板＋αの技術が求められている。
　ＭＩＤ関連の素材開発の中で，導電線プラスチックの登場や直接金型に回路を形成してしまうなどの技術も登場し，成形工程の簡略化，絶縁性の向上，高密度高精度な回路形成への要求が高まる中，その形状の自由さ，回路パターンへの密着度及び剥離形成の容易さなどから，合成樹脂フィルムを使用した回路基板形成法も盛んである。

以下回路形成において，その素材，工程に着目して，特許を列記した。

特許出願　昭61-310299[S61.12.26]
特　　開　昭63-164394[S63. 7. 7]　特公
名　　称　プリント回路板の製造法
<内容>厚膜用導電インキで転写用パターン回路をシルクスクリーン印刷した耐熱性フィルムを分離させている成形金型に正確に固定吸着させ，射出成形して三次元形状の基板を成形する。これにより容易にプリント回路を形成することができる。
出願人　13-000120　新神戸電機㈱
発明者　中島　　繁，前田　至弘

特許出願　昭60-268846[S60.11.29]
特　　開　昭62-128591[S62. 6.10]
特　　公　平04-22757 [H 4. 4.16]　登　　録　1735082[H 5. 2.17]
名　　称　表面にプリント配線を設けた立体成形品
<内容>プラスチック製の基材フィルムに銀インキで電気回路をシルクスクリーン印刷で形成し，その一部に被覆層を設け，電気回路の接点を除外した箇所に絶縁ワニス層を設ける。回路の反対側のフィルム面に熱融着樹脂層を塗布して電気回路層側を金型に接置し射出することにより，形成品の表面に沿った自由な形状を持つプリント配線が形成される。
出願人　13-000319　凸版印刷㈱
発明者　登坂　武司，岩沢　宣行，左治木　隆

特許出願　昭61-264500[S61.11. 6]
特　　開　昭63-117493[S63. 5.21]　特公
名　　称　回路を有する成形品の製造方法
<内容>剥離層を形成させた樹脂フィルム上に回路を印刷して転写シートを成形して金型に設置し射出成形する。剥離シートを除去しメッキ前処理を施し無電解メッキを行う。以上により，三次元形状の回路を簡易に高歩留りに形成する。
出願人　13-000289　大日本印刷㈱
発明者　江口　勝英，吉村　　功

特許出願　平01-257376[H 1.10. 2]
特　　開　平03-119787[H 3. 5.22] 特公
名　　称　立体基板を有する成形物の製造方法
<内容>片面に半硬化状の熱可塑性樹脂の接着剤層を配し，他面に金属箔のレジスト層を設け，そのレジスト層に回路パターンを形成する。レジスト層を金型面に向け，半硬化状の熱可塑性樹脂が流動しない温度で射出成形をすることで，回路パターンを有する金属箔を積層した立体基板用成形物が得られ，これをエッチングすることで容易に立体基板を製造することができる。
出願人　13-000200 昭和電工㈱
発明者　藤谷　憲治

特許出願　平03-295438[H 3.11.12]
特　　開　平05-136546[H 5. 6. 1] 特公
名　　称　プリント配線板の製造方法
<内容>形状記憶合金の平坦面に導電パターンを形成後，熱処理を行い形状を復元させる。その形成面を金型の内面と間隔を有するように対面させ，その間隔に溶融樹脂を注入硬化してプリント配線板を得る。形状記憶合金の可逆的形状変化の特性を生かして3次元形状の配線板上に印刷材料を塗布し，電気部品を搭載し易くする。
出願人　27-000582 松下電器産業㈱
発明者　松岡　広彰

特許出願　平04-25748 [H 4. 1.16]
特　　開　平05-190994[H 5. 7.30] 特公
名　　称　一体型プリント基板成形体及びその製造方法
<内容>特定の伸長率を有する回路基板フィルムを，射出成型用の金型の雄型上に，接着装側を外に設置し，雄型側から固定吸引することにより，金属層が立体的な面に正確に追従して変形している一体型プリント基板成形体を提供する。
出願人　13-000289 大日本印刷㈱
発明者　田口　幸央，遠藤　秀人

特許出願　平05-51232 [H 5. 2.18]
特　　開　平06-238708[H 6. 8.30] 特公
名　　称　一体型プリント回路基板成形体及びその製造方法

192

＜内容＞回路パターンと接着剤層を表裏合わせ持つプリント回路基板を射出成形した一体型プリント回路基板成形体における，成形時の樹脂射出ゲートに対向する位置に貫通孔が設けられている一体型プリント回路基板成形体の製造方法。これによると，樹脂成形体の立体的面に高精度且つ強力に密着追従し，回路の多機能化を容易にする。

出願人　13-000289　大日本印刷㈱
発明者　四十宮隆俊，真崎　忠宏

特許出願　平05-84177 [H 5. 3.17]
特　開　平06-291441 [H 6.10.18]
特　公　平07-54869 [H 7. 6. 7]　登　録　2024874 [H8. 2.26]
名　称　プリント回路基板の製造方法
＜内容＞回路部を有する柔軟シートにより連結させたプリント回路基板を製造する際，キャリアシートを使用した方法で立体的プリント回路基板を得る方法を提供する。

出願人　23-000608　名機製作所㈱
発明者　大森　和光

3　プロセスに関する特許

　ＭＩＤの大まかな分類として，金型にインモールドする方法とメッキをする方法に分かれる。現時点で主流のメッキ法にはワンショット法とツーショット法があり，ワンショット法には「シーメンス」が初期段階から研究しているレーザー法がある。レーザー法に関するものは，特許的にもかなり同社に帰属していると言えよう。

　ワンショット法の中のレジスト法は成形品を見てもその工法が判別し難いこともあり，特許に関しても未だ猶予が残されていると言える。

　ツーショット法にはＰＣＫ法とＳＫＷ法があり，日本では現在ＳＫＷ法が主流となっている。現段階でこれらの範疇を外れる工法の大きな革新は未だない。

　しかし，傾向としては，初期段階のプリント基板主体の動きから，ユーザーの要望に沿った形体への実現の為に，テクノロジーの複合化が図られ，基板主体では不可能であった効果も得られている。

　微細なプロセスの共通項としては，回路フィルムと成形品を一体成形する時にバキューム密着させる，多層構造の回路の接続の為に貫通項を設ける等が挙げられるがその工程は多様である。

　以下，成形工程に特徴のあるものを列記した。

特許出願　昭60-23569 [S60. 2.12]
特　　開　昭61-183998 [S61. 8.16]
特　　公　平02-55958 [H 2.11.28]　登　録　1630500 [H 3.12.26]
名　　称　フレキシブル印刷配線基板の製造方法

<内容>導電回路を形成した可撓性合成樹脂フィルムの多層接着する部分に接着性樹脂フィルムを，非接着性樹脂フィルムは後に分離独立させて3次元的に配線する部分に同一層内で重ならぬように挿入し，同時にプレス成形する。後に多層導電回路内にスルーホールを設け電気的接続をすることにより，容易に立体的配線が形成される。

出願人　27-000213　住友電気工業㈱
発明者　日比野　豊，木村　寿秀

特許出願　昭60-130023 [S60. 6.17]
特　　開　昭61-288489 [S61.12.18] 特公
名　　称　成形回路基板の製造方法

<内容>導体パターンを形成した，または仮固定された金型に耐熱性の高い熱可塑性樹脂を射出し樹脂の成形と導体パターンの転写を同一工程で行う事により，成形品が機構部分と一体成形され，凹凸部や立体回路導体パターニングを簡易化する。

出願人　13-000100　キャノン㈱
発明者　髙林　宏，熊谷　元男，藪　成樹

特許出願　昭61-202500 [S61. 8.28]
特　　開　昭63-67257 [S63. 3.26] 特公
名　　称　プラスチック製筐体の製造方法

<内容>成形品の立体を一次元的に展開させた樹脂平板の一面に導電体を膜状に固着させて電気回路を形成した後，平板上の展開線に沿って立体を構築する。電気部品の回路への組み込みは端子をハンダ付けしネジで固定する。これにより，成形品の小型化を図る。

出願人　13-000236　セイコーエプソン㈱
発明者　阿部健二郎，笠井　昌巳，飯田　祐次

特許出願　昭62-32457 [S62. 2.17]
特　　開　昭63-200592 [S63. 8.18]
特　　公　平07-58826 [H 7. 6.21]　登　録　2023774 [H 8. 2.26]

名　　称　立体印刷回路成形体の製造方法

＜内容＞回路パターンが形成されている可撓性フィルムシートを成形キャビティに設置し射出成形するとシートの回路パターンが転写されたアッパー，ローアケースが形成される。これにより，1回の射出成形で簡単，確実に立体印刷回路成形体が製造でき，電子部品の実装密度が向上する。

出願人　13-000529　古河電気工業㈱

発明者　石和　正幸，亀井　好一，田村　尚久

特許出願　昭62-88674［S62. 4.13］

特　　開　昭63-254790［S63.10.21］

特　　公　平05-63035［H 5. 9. 9］　　登　　録　1856899［H 6. 7. 7］

名　　称　電子回路構造体の製造方法

＜内容＞転写ユニットが平面状の時点で部品を実装してさらに受圧層と剥離層を有する転写シートに仕上げてから金型内面に設置し，射出成形を行うことにより回路と部品と成形体が一体となって立体形状にも対応し易い電子回路構造体が得られる。

出願人　13-000529　古河電気工業㈱

発明者　布施　憲一，石和　正幸

特許出願　昭62-249278［S62.10. 2］

特　　開　平01-91444［H 1. 4.11］

特　　公　平01-58665［H 1.12.13］　　登　　録　1571860［H 2. 7.25］

名　　称　多層プリント回路基板の射出成形方法

＜内容＞第二層以降の成形は，前工程までに成形された端子ピンを有する基板層を挿入し，所定基板層形状を有する各層用金型キャビティに新しく端子を立設せずに基板各層を順次一体成形できる。これにより，ボックス形等の深物と呼ばれる立体的形状の多層プリント回路基板を容易に形成することができる。

出願人　23-000608　名機製作所㈱

発明者　小山　洋典，大森　和光

特許出願　昭63-33491［S63. 2.15］

特　　開　平01-207987［H 1. 8.21］特公

名　　称　三次元形状の配線基板を製造する方法

＜内容＞導体回路を合成樹脂製ベースフィルムと回路上のはんだ付け個所に開孔部を設けたオー

バーフィルムで挟み，接着剤層と剥離層を有するキャリアフィルムを設置し，積層した一体の転写箔として射出用金型に装着することにより，耐絶縁性，接着力，耐食性に優れた立体的配線基板を得る。

出願人　14-367627　関東化成工業㈱
発明者　中村　政司，鈴木　滋

特許出願　昭63-179550[S63. 7.19]
特　　開　平02-28992 [H 2. 1.31] 特公
名　　称　回路基板の製造方法
<内容>導体ペーストを用いた導体回路をキャビティ内に設置し樹脂成形することにより，3次元形状でも容易に形成できる。尚，回路は基板に埋入してその表面は平坦である。さらに，導体回路の断面形状を倒立台形状にすると剥離しない。

出願人　27-000582　松下電器産業㈱
発明者　丸山　義雄，奥村　武志，成田　正力

特許出願　昭63-245722[S63. 9.28]
特　　開　平02-92511 [H 2. 4. 3] 特公
名　　称　表面に導電性回路配線を有する立体成形品の製造方法
<内容>位置決め用の突起とバキューム吸引孔を設置した金型内にフレキシブル配線シートの接着剤面が樹脂側になるように固定し吸引，射出成形する。冷却固化後，金型を開き立体的導電性回路配線を有する。位置精度の高い成形品を得られる。尚，射出用樹脂の選択範囲は広い。

出願人　13-000319　凸版印刷㈱
発明者　笛井　直喜，丸山　孝，内藤　貴弘

特許出願　昭63-292521[S63.11.21]
特　　開　平02-139216[H 2. 5.29] 特公
名　　称　立体成形回路の形成方法
<内容>射出成型金型内面に，熱硬化性樹脂をバインダとする導電性ペーストを所定の回路パターンに沿って印刷し，金型の加熱により半硬化状態にした後に，金型内にバインダと同種の熱硬化性樹脂を射出成形することにより，成形体表面よりの回路の剥がれや亀裂を防止することができる。

出願人　13-351584　矢崎総業㈱

発明者　滝口　　勲

特許出願　昭63-328727［S63.12.26］
特　　開　平02-174187［H 2. 7. 5］特公
名　　称　配線基板の製造方法
＜内容＞金型の空洞内面に離形部材で制作されたマスクを設置し，溶融金属を溶射して回路を形成する。この回路パターン上にプラスチックモールド層を形成し金型を除去する。これにより，ダイ等は不用で簡単に立体的な配線を得られる。
出願人　14-000225　昭和電線電纜㈱
発明者　小高　伸朗

特許出願　平01-152316［H 1. 6.16］
特　　開　平03-19396［H 3. 1.28］特公
名　　称　伝送媒体をインサート成形した回路構造体
＜内容＞光・電気の電送媒体の一部あるいは全部を成形・固定・絶縁被覆した後，キャビティを拡げ，耐熱樹脂を射出成形することで導体モジュールと筐体を一体化した構造体が得られる。
出願人　13-000510　日立製作所㈱
発明者　後藤　昌生，飯田　　誠，藁谷　研一，矢野倉米蔵，佐藤　正樹

特許出願　平01-222128［H 1. 8.28］
特　　開　平03-84989［H 3. 4.10］特公
名　　称　立体配線基板の製造方法
＜内容＞射出成形金型の少なくとも一方の型の射出成形面に電気めっきにより導体回路を形成し，金型内にポリカーボネート樹脂などを射出成形することにより，導体回路が成形品の所定面に転着及び埋入一体化した立体配線基板を容易に得られる。
出願人　13-000307　東芝㈱
発明者　大平　　洋，根本　俊哉，青木　秀夫，佐藤　由純

特許出願　平04-106143［H 4. 3.31］
特　　開　平05-283849［H 5.10.29］特公
名　　称　立体成形回路板の製造方法および製造装置
＜内容＞一時成形回路板を加熱した金型に接触させて軟化させた後，ラムにより上型で加圧し，

導電回路が転写されている部分を含む所定個所に凹凸部を賦形させた二次成形回路板を得ることにより，転写シートのしわや切断，導体回路の断線等の無い，高品位の立体成形回路板が低コストで製造できる。

出願人　07-000397　日東紡績㈱，23-000608　名機製作所㈱
発明者　渡辺昭比古，小山　洋典

特許出願　平02-198352［H 2. 7.24］
特　　開　平04-82292［H 4. 3.16］特公
名　　称　3次元回路基板の製造方法
＜内容＞端子接続用の接続孔を有する樹脂フィルムに配線用導電部を形成し，形成面を樹脂基板に向け金型内に配置して，ブロー又はバキューム成形を行う。これによりフィルム状部材と樹脂部材及び導電部を密着させて所望の形状の立体回路基板の製造が容易にできる。
出願人　23-461412　北川工業㈱
発明者　北川　弘二

特許出願　平03-47806［H 3. 2.20］
特　　開　平06-234132［H 6. 8.23］特公
名　　称　立体回路基板の製造方法
＜内容＞樹脂フィルムの表面に電気回路を形成し，金型内面に設置して，金型内面温度と溶融樹脂温度との温度差を特定温度内に保持できるように金型を加熱保持しながら溶融樹脂を射出成形することにより，樹脂フィルムとの密着性に優れた立体回路基板を製造できる。
出願人　20-信州ナガセ電材㈱，ウインテック㈱，サンタ軽金属工業㈱，イデア㈱
発明者　清水　雅夫，依田　晶一，東城　英夫，篠遠　正幸

特許出願　平03-74848［H 3. 4. 8］
特　　開　平04-309287［H 4.10.30］
特　　公　平07-79191［H 7. 8.23］　　登　　録　2045171［H 8. 4. 9］
名　　称　立体配線板の製造方法
＜内容＞一方の型に形成された微小凸状突起を有する導体回路と対応する他方の型に形成された導体回路とを圧接接合させ，その成形面間に所要の樹脂を注入して成形することにより，成形体面の両面に導体回路が転着，埋入された多層構造の立体配線が得られ，信号伝搬速度を速めることができる。

出願人　13-000307　東芝㈱

発明者　大平　　洋，佐藤　由純

特許出願　平03-152462［H 3. 5.27］
特　　開　平04-349696［H 4.12. 4］特公
名　　称　立体成形基板の製造方法
＜内容＞立体成形品の内底面部となる部分の金型に回路フィルムを介して突面部を設け，対応する金型には突面部より小さい回路フィルム用吸着用孔部を設置し，吸着固定して位置ずれのない正確な回路パターンを有する立体成形基板を製造する。

出願人　23-000608　名機製作所㈱，07-000397　日東紡績㈱

発明者　大森　和光，河西　　新，渡辺昭比古

特許出願　平03-136561［H 3. 6. 7］
特　　開　平04-360596［H 4.12.14］特公
名　　称　回路基板の製造方法
＜内容＞フィルム状の可撓性絶縁シートに端子部露出孔を設け裏側から仮接着パッチを貼る。その表面に銀ペースト等の導電回路をパターン形成し可動金型の間にセットして絶縁樹脂基板を射出成形する。仮接着パッチは，射出時の熱により，剥がれるか溶融し，端子部露出孔を開放する。簡単で絶縁性の優れた回路基板が製造できる。

出願人　13-351584　矢崎総業㈱

発明者　仲山　喜章，大島　　毅

実用出願　平04-18525［H 4. 3.31］
実　　開　平05-77817［H 5.10.22］実公
名　　称　導電性成形体およびそれを用いた電気回路成形体
＜内容＞熱可塑性樹脂を主体に導電性金属繊維と低融点金属を含有する導電性樹脂組成物の成形体の接合部に，樹脂被覆電線の導体端部を加熱挿入して溶着し，その際の熱により接合部の低融点金属も溶融することにより導電性に優れ，立体的配線回路を形成し易く，電気的機械的な接続強度と生産性が高い基盤が得られる。

出願人　13-460552　東芝ケミカル㈱

発明者　福本　宏昭

特許出願　平04-138832[H 4. 5.29]
特　　開　平05-335693[H 5.12.17］特公
名　　称　三次元多層配線付きプラスチック成形筐体及びその製造方法
<内容>体積抵抗率の高い樹脂材で形成された筐体は表面に体積抵抗率の低い樹脂材で成る回路を埋め込む凹状溝を有し、金属薄板リードフレームで形成された配線パターンは筐体に挿入されている。双方の配線はリードフレーム上の突起を介し、導電する。このように多層化された伝送媒体と筐体が一体となり、接続が容易で信頼性の高い多層配線を実現する。
出願人　13-000510　日立製作所㈱
発明者　曽田　均，後藤　昌生，薬谷　研一，板倉　栄，池亀　厚

特許出願　平04-161466[H 4. 6.19]
特　　開　平06-6010　[H 6. 1.14] 特公
名　　称　立体回路基板の製造方法
<内容>平板な熱可塑性樹脂の少なくとも一方に回路が形成されている基板を金型に載置し，もう一方の金型を近接させ加熱して吸引孔から真空吸引し，圧縮空気供給孔から圧縮空気を導入して基板を載置した金型の内面凹部に沿うように加工する，簡単，安価な立体回路基板製造法である。
出願人　26-000623　村田製作所㈱
発明者　山本　恵造

特許出願　平04-221331[H 4. 8.20]
特　　開　平06-77648 [H 6. 3.18] 特公
名　　称　立体的多層導電回路を有する複合成形品及びその製造方法
<内容>表面に金属膜回路を密着形成し易い熱可塑性又は熱硬化性樹脂で立体形成された基板を2次成形により回路を埋没一体化させ所望の形状にする。多層回路はスルーホールにより立体的に導通連結する。このように立体的多層回路基板を効率良く製造することができる。
出願人　27-327843　ポリプラスチックス㈱
発明者　宮下　貴之

特許出願　平04-309454[H 4.10.23]
特　　開　平06-140740[H 6. 5.20] 特公
名　　称　プラスチック製立体形状回路基板の製造方法およびその装置

＜内容＞成形型から回路基板を成形後，基板の回路形成面と成形型の型面間との微小すき間にレジスト液を注入してレジスト層を形成し，型内で露光，パターニングを行って回路基板とレジスト層の一体化された成形品を型から外し，回路パターン導電層を形成することにより少ない工程で且つパターン形成歩留りの向上を図ることができる。

出願人　27-000583　松下電工㈱

発明者　粥川　満

特許出願　平05-145681［H 5. 5.25］
特　　開　平06-334305［H 6.12. 2］特公
名　　称　金属射出による導電性回路の形成方法
＜内容＞三次元立体形状の成形表面に溝のある一次成形品を成形し，その溝と2次成形金型の平坦面との間に形成される溝形状の空間に低融点金属等の射出を行い，成形品表面又は内部に金属による導電性回路が形成される。この時，可能な限り回路断面を小さく且つ回路は長くするべきである。

出願人　11-　科学技術振興事業団

発明者　中川　威雄，野口　裕之

特許出願　平05-252872［H 5.10. 8］
特　　開　平07-106733［H 7. 4.21］特公
名　　称　導電性回路つき樹脂成型品及びその製造方法
＜内容＞銅張り基板に常法によるエッチングによる回路を設けたフレキシブル配線板を作成し，金型にセット穴を設け，配線板のリード部を外に出したまま金型に挿入し，射出成形を行う。これにより，リード部が外に取り出されている為に容易に配線，接続でき部品点数を減らせる三次元回路成型体が得られる。

出願人　27-000213　住友電気工業㈱

発明者　山崎　積也

特許出願　平06-35744 ［H 6. 3. 7］
特　　開　平07-241872［H 7. 9.19］特公
名　　称　三次元回路体の製造方法
＜内容＞熱可塑性樹脂を加熱真空成形する時，緩やかな湾曲部を形成する谷部にも回路を簡単確実に形成し得る三次元回路体の製造方法を三種類，提供する。

出願人　13-351584　矢崎総業㈱
発明者　滝口　　勲，滝口　修司，下山　憲一

特許出願　平06-166007［H 6. 6.24］
特　　開　平08-64916［H 8. 3. 8］特公
名　　称　回路基板およびその製造方法
＜内容＞導電性金属からなる配線構造体をインサート成形する時，配線構造体にハンダ付け用の抜孔を設け，成形体にはそれらの保護壁を形成することにより，電流の容量が大きく，配線が立体交差したまま一体形成できる回路基板及び製造方法を提供する。

出願人　16-　コージン㈱
発明者　小柴　清文

特許出願　平07-73678［H 7. 3.30］
特　　開　平08-274431［H 8.10.18］特公
名　　称　射出成形回路部品及びその製造方法
＜内容＞貫通孔を有する絶縁被膜の上に電気回路が形成されている金属板と貫通孔を介して係止される合成樹脂から成る立体成形体。製造工程が短く，省材料且つ電気回路の性能を保持する射出成形回路部品及び製造方法を提供する。

出願人　13-000512　日立電線㈱
発明者　浅野　秀樹，安藤　好幸，佐藤　　亮，市毛　敏明，駒木根力夫

特許出願　昭62-197072［S62. 8. 5］
特　　開　平01-86590［H 1. 3.31］特公
名　　称　電路付き絶縁性基体の製法
＜内容＞仮基材を金型に配置したまま樹脂を導入して電路上に絶縁性基体を成形し，金型から仮基材と絶縁性基体を出し，絶縁性基体と共に電路を仮機材より外すと電路が転写された配線基板が得られる。残った仮基材に電気めっきを施し電路を形成すれば，金型に忠実な配線基板が得られる。

出願人　27-000583　松下電工㈱
発明者　高木　正巳，古賀　公一，粥川　　満，栗林　昭吉

4 メッキに関連する特許

　従来より日本でのMIDでは，その成形工程においてメッキを多く採用しているが，近年のMIDに関連する素材，例えば導電性プラスチックやエンジニアリングプラスチック，合金，樹脂フィルムなどの開発と共にメッキを施さない成形法も多種考案されている。
　しかし，MIDにおけるメッキ処理法は現在でも大きな比重を占め，MIDを語る上で不可欠な要素である。
　その方法は従来より大きく変貌しているとは言い難いが，レジストとエッチングとの工程における組み合わせや，成形段階の用途におけるメッキの使用方法など，各社各様に独自性を持つ。
　この項では，特にメッキに注目して，成形工程の中でメッキを多用していたり，メッキの素材に特徴のあるものを挙げてみた。

特許出願　平01-262504［H 1.10. 6］
特　　開　平03-124414［H 3. 5.28］特公
名　　称　導電性回路を有する成形品の製造法
＜内容＞触媒的な材料の一次成形品を否触媒的材料にインサートして射出する。その成形品の回路パターンが平面状の部分には成形時触媒的材料が全面に露出するようにして，無電解めっきに対するレジストを印刷して否回路部分を覆い，触媒的材料が露出した部分にのみ無電解めっきを行い，回路パターン状に導電性を与え，優れた回路密度を得る。
出願人　13-000445　日立化成工業㈱
発明者　小瀬　良治，渡辺　健二，藤井　威，下出　敏達，岡村　寿郎

特許出願　平01-214653［H 1. 8.21］
特　　開　平03-78289　［H 3. 4. 3］特公
名　　称　立体配線基板の製造方法
＜内容＞射出成形用金型の雄型の射出成形面にアルミナ層を被着後選択的切削加工を行い逆パターンの導体回路を形成し，貴金属電気のめっき処理を施す。雌型で射出した成形品に雄型で成形された導体回路の貴金属面を転着一体化させ，射出成形することにより，信頼性の高い導体回路を量産可能にする。
出願人　13-000307　東芝㈱
発明者　根本　俊哉，大平　洋，青木　秀夫，佐藤　由純

特許出願　平04-77324 [H 4. 3.31]
特　　開　平05-283842 [H 5.10.29] 特公
名　　称　パターン状金属層を有するプラスチック成形品の製造方法
＜内容＞成形品を作成後，外面全面を脱脂処理しエッチング液にて粗面化する。続き無電解めっきを行い銅を表出させ，レジスト塗布前の処理としてソフトエッチングを行い，液状のポジタイプフォトレジストを塗布する。露光，現像，水洗，ポストベークを行いエッチングし，レジストを剥離して微細パターン状金属層を有する立体状成形品を可能にする。
出願人　13-000512　日立電線㈱
発明者　駒木根力夫，大阿久俊幸，安藤　好幸，浅野　秀樹

特許出願　平04-342199 [H 4.12.22]
特　　開　平06-196840 [H 6. 7.15] 特公
名　　称　立体回路板の製造方法
＜内容＞立体的な回路基板を樹脂成形し，その回路の面積の広い部分内あるいは，回路を避けた部分に位置設定された離型用ノックアウトピンを有する金型で成形すると，電気メッキ露光時にピン跡が影になり，メッキが必要外の箇所に施された為にメッキ残存物が回路基板に生じても，絶縁不良が生じず，回路太りを防ぎ，高密度配線と金メッキを容易に行う事が可能である。
出願人　27-000583　松下電工㈱
発明者　鈴木　俊之，中島　勲二，梶浦　久尚，中本　篤宏

特許出願　平06-69221 [H 6. 4. 7]
特　　開　平06-296064 [H 6.10.21]
特　　公　平07-77286 [H 7. 8.16]
名　　称　立体電気回路基板及びその製造法
＜内容＞易メッキ性と難メッキ性プラスチックスで電気回路を形成するように組み合わされ，一体化した段差部を有し，その段差部の角隅部の断面部が円か楕円のように角がないように曲面化することにより，回路の断線事故を皆無にし，浮き上りを防止することができる。
出願人　27-327843　ポリプラスチックス㈱
発明者　岡田　常義

特許出願　平06-73365 [H 6. 4.12]
特　　開　平07-283513 [H 7.10.27] 特公

名　　称　三次元射出成形回路部品の製造方法

＜内容＞合成樹脂射出成形品を易めっき材料で一射出し，難めっき性材料で二次射出形成する。険阻部と平面部に無電解めっきを施した後，レジスト被膜を形成し，フォトリソグラフィを施し，険阻部の電気導体回路のパターンと連なる平滑部の電気導体回路パターンを大きな形状自由度，高い生産性で得ることができる。

出願人　13-000512　日立電線㈱

発明者　浅野　秀樹，安藤　好幸，大阿久俊幸

特許出願　平06-132935［H 6. 6.15］
特　　開　平07-335999［H 7.12.22］特公
名　　称　複合回路基板の製造方法

＜内容＞無電解メッキ用触媒を含む耐熱性合成樹脂材を電力用回路導体を装塡した金型に溶融注入し，回路を内蔵する絶縁基板を形成する。この基板に信号回路パターンを除外したレジスト層を形成し，無電解メッキ処理を行い信号回路導体を設け，信号と電力回路導体とをスルーホールで導通させて，生産性の優れた複合回路基板を形成する。

出願人　13-351584　矢崎総業㈱

発明者　滝口　　勲

特許出願　平05-117156［H 5. 5.19］
特　　開　平06-334308［H 6.12. 2］特公
名　　称　三次元回路形成法

＜内容＞所望の形状の射出形成品に触媒付与し，全面にレジストコーティングする。レーザー光でレジストをパターニングする。銅などの無電解めっきを行い，導体パターンを形成する。必要の際は，レジストの除去処理をする。これにより製造費が安価な三次元形成品を提供する。

出願人　13-352271　日本航空電子工業㈱

発明者　伊藤　茂憲

特許出願　平06-36691［H 6. 3. 8］
特　　開　平07-245465［H 7. 9.19］特公
名　　称　回路体の製造方法

＜内容＞一つの金属箔に大小の回路をメッキ，ハンダ，エッチングレジストを施し形成後，金属箔の裏面に樹脂基板を射出成形し，メッキレジストを除去しハンダメッキとエッチングレジスト

を除く金属箔をエッチング除去することにより膜厚の異なる大小の回路を形成する。金属箔の端末部にも膜厚の等しい端子部を形成する。

出願人　13-351584　矢崎総業㈱
発明者　大島　　毅

第15章　世界の特許動向

シーエムシー編集部

1　MIDの特許

　この章では，わが国の特許も含めて，世界のMIDに関する主な特許を収録した。といってもそれぞれの特許についてごく簡単に表にまとめている。

　項目としては，パテントナンバー，特許が出された国名，タイプ，発明者，所有者，タイトル，方法，通知，公表などにまとめている。

　件数としては，全体で318件となっており，これはMID関係の世界の特許としては，ごく一部となっている。

番号	パテント ナンバー	国名	タイプ	発明者	所有者	タイトル	方法	通知	公表
1	062300	EP	OS	Klaus Baumann, Fliederweg 1, München	Fa. Fritz Wittig	Verfahren und Herstellung von Leiterplatten	Laser Direct Marking	82/3/31	82/10/13
2	063347	EP	PS	Haller, Andreas	IVO Irion & Voessler	Prägefolie zum Aufbringen von Leiterbahnen	Hot Stamping	82/4/10	82/10/27
3	065154	EP	OS	Becker, Peter	Krone GmbH, Berlin	Biegefreundliche Leiterplatte	Bending Process (Manufac)	82/4/29	82/11/24
4	1007593	JP	AB	Yoshimura, Isao	Dainippon Printing Co. Ltd.	Manufacture of Molding Having Printed Circuit	Hot Stamping (Struc)	87/6/29	89/1/11
5	1008091	JP	AB	Murakami, Sadatoshi	Mitsubishi Electric Co.	Conductive Ink Sheet for Thermal Transfer Printing Wiring		87/6/30	89/1/12
6	1009695	JP	AB	Kataoka, Yasuhiro	Sony	Electronic Circuit	Insert Mold (Manufac)	87/7/2	89/1/12
7	1009696	JP	AB	Isawa, Masayuki	Furukawa	Resin Molding with Circuit	Insert Mold (Manufac)		
8	1030722	JP	AB	Kaji, Masakata	Meiki Co. Ltd.	Injection Molding Device of Multilayer Printed Circuit Board	Molding (Manufac)		
9	1039095	JP	AB	Tsuchiko, Susumu	Toyo Ink MFG Co. Ltd.	Adhesive Sheet and Manufacture of Electric Wiring Circuit Using Said Sheet	Foil (Plat)	87/8/5	89/2/9
10	1041293	JP	AB	Maniwa, Akira	NEC	Manufacture of Printed Wiring Board	Insert Mold (Manufac)	87/9/24	89/3/27
11	1046997	JP	AB	Yumoto, Tetsuo	Sankyo Kasei	Plastic Molded Piece	SKW	88/2/16	89/2/21
12	1066990	JP	AB	Kobayashi, Kenzo	Furukawa	Molded Circuit Board		87/9/8	89/3/13
13	1084693	JP	AB	Takagi, Masami	Matsushita Electric Works Ltd.	Manufacture of Printed Board	Insert Mold (Manufac)	87/9/26	89/3/29
14	1099278	JP	AB	Oshita, Toshiaki	Ooshita Sangyo K.K.	Resin Molding with Wired Stereoscopic Structure	2-shot Mold (Manufac)	87/10/13	89/4/18
15	1108799	JP	AB	Inokuchi, Hiroichi	Nitto Boseki	Thermoplastic Resin Molding and Manufacturing Thereof	Insert Mold (Manufac)		
16	1111398	JP	AB	Kataoka, Yasuhiro	Sony	Hybrid Integrated Circuit Device		87/10/26	89/4/28
17	1134986	JP	AB	Kobayashi, Kenzo	Furukawa	Mold Circuit Board		87/11/20	89/5/26
18	1150572	JP	AB	Nishibashi, Atsushi	Furukawa	Method for Screen Printing to Substrate	Conducting Paste (Plat)		

番号	パテントナンバー	国名	タイプ	発明者	所有者	タイトル	方法	通知	公表
19	1164091	JP	AB	Kobayashi, Kenzo	Furukawa	Manufacture of Molded Circuit Board	Insert Mold (Manufac)		
20	1170088	JP	AB	Hasegawa, Akira	Furukawa	Manufacture of Molded Circuit Substrate	Insert Mold (Manufac)	87/12/25	89/7/5
21	1194382	JP	AB	Yumoto, Tetsuo	Sankyo Kasei	Printed Circuit Board and Manufacture Thereof	Molding (Manufac)	88/1/29	89/8/4
22	1207987	JP	AB	Nakamura, Masashi	Kanto Kasei Kogyo K.K.	Manufacture of Three-Dimensional Wiring Board	Hot Stamping (Struc)		
23	1207989	JP	AB	Yumoto, Tetsuo	Sankyo Kasei	Plastic Molded Item	SKW	88/2/16	89/8/21
24	1253986	JP	AB	Tsutsu, Naoki	Toppan Printing Co. Ltd.	Stereoscopic Molded Piece with Circuit Pattern on Surface and Manufacturing Thereof		88/4/1	89/10/11
25	1255810	CA		Frisch, David	Kollmorgen	Molded articles having areas catalytic and non catalytic, for adherent metallisation	PCK		
26	1266789	JP	AB	Amano, Toshiaki	Furukawa	Manufacture of Molded Circuit Board	Insert Mold (Manufac)	88/4/19	89/10/24
27	1278090	JP	AB	Yumoto, Tetsuo	Sankyo Kasei	Molded Substrate and Molding Metal Mold	2-shot Mold (Manufac)	88/4/30	89/11/8
28	1298791	JP	AB	Nishizawa, Chiharu	Mitsubishi Gas Chemical	Manufacture of Three-Dimensional Printed Wiring Board	Mask (Struc)	88/5/27	89/12/1
29	1298792	JP	AB	Nishizawa, Chiharu	Mitsubishi Gas Chemical	Manufacture of Three-Dimensional Printed Wiring Board	Mask (Struc)	88/5/27	89/12/1
30	1305597	JP	AB	Higashiura, Atsushi	Furukawa	Manufacture of Injection Molding Multilayer Wiring Board	Insert Mold (Manufac)		
31	1310587	JP	AB	Kobayashi, Kenzo	Furukawa	Electronic Circuit Unit Provided with Plane Antenna	Insert Mold (Manufac)		
32	1312891	JP	AB	Kayukawa, Mitsuru	Masushita Electric Works Ltd.	Manufacture of Stereo Molding Printed Circuit Board	Insert Mold (Manufac)	88/6/10	89/12/18
33	1321611	JP	AB	Ikeuchi, Hiroshi	Murata MFG Co. Ltd.	Formation of Three-Dimensional Exposure of Conductor Pattern	Even Mask (Struc)		
34	135851	EP	PS	Mattelin, Antoon	Siemens	Process and device for marking parts, especially electronic components		84/9/3	85/4/3
35	138673	EP	OS	Lillie, David	Allied Corporation, Morristown NJ, US	Method of making a printed circuit board	Powder (Plat)	84/9/19	85/4/24
36	149359	EP	OS	Shin-I Chao, Herbert	UCAR	A polyarylethersulfone polymer useful for moulding into a circuit board substrate and a circuit board substrate comprising the polymer		84/12/27	85/7/1

番号	パテント ナンバー	国名	タイプ	発明者	所有者	タイトル	方法	通知	公表
37	176872	EP	PS	Mattelin, Antoon	Siemens	Appliance for the contactless changing of the surfaces of objects		85/9/18	86/4/9
38	180220	EP	PS	Frisch, David	AMP-Akzo	A process for producing metal clad thermoplastic base materials and printed circuit conductors on thermoplastic base materials			
39	183060	EP	PS	Frisch, David	AMP-AKZO	Process for the photoselective metallisation on non-conductive plastic base materials	Additive Proc. (Plat)	85/10/25	86/6/4
40	192233	EP	PS	Frisch, David	Kollmorgen	Molded articles suitable for adherent metallisation, molded metallized articles and process for making the same	PCK	86/2/18	86/8/27
41	2014594	JP	AB	Yamada, Akira	Canon	Three-Dimensional Integrally-Formed Printed Wiring Board		88/7/1	90/1/18
42	2018985	JP	AB	Kayukawa, Mitsuru	Matsushita Electric Works Ltd.	Manufacture of Molding Printed Circuit Board	Insert Mold (Manufac)	88/7/6	90/1/23
43	2028992	JP	AB	Maruyama, Yoshio	Matsushita Electric Ind. Co. Ltd.	Manufacture of Circuit Board	Conducting Paste (Plat)		
44	203680	EP	OS	Mundy, Richard	Marconi Electronic Devices Ltd., Middlesex UK	Electrical Device including a printed circuit			
45	206179	EP	PS	Maeda, Masahiku	Showa Denko K.K., Tokio, JP	Molded product having printed circuit board		86/6/13	86/12/30
46	2077569	JP	AB	Mizuishi, Kenichi	Hitachi Ltd.	Pattern Forming Method			
47	208087	EP	PS	Fahner, Karsten	Bayer	Kunststoffteil mit elektrischen Stromwegen	2-shot Mold (Manufac)	86/5/13	87/1/14
48	2084790	JP	AB	Ishizaka, Hironobu	Hitachi Chemical Co.	Manufacture of Molding with Conductive Circuit			
49	2092511	JP	AB	Fuei, Naoki	Toppan Printing Co. Ltd.	Preparation of Three-Dimensional Molded Item Having Electrically-Conductive Circuit Wiring on Surface	Insert Mold (Manufac)		
50	2094496	JP	AB	Takiguchi, Isao	Yakazi Co.	Formation of Three-Dimensionally Molded Circuit	Vacuum (Manufac)		
51	2106094	JP	AB	Yumoto, Tetsuo	Sankyo Kasei	Circuit Board an Manufacture thereof		88/10/15	90/4/18
52	2106095	JP	AB	Yumoto, Tetsuo	Sankyo Kasei	Circuit Board an Manufacture thereof		88/10/15	90/4/18
53	2107787	JP	AB	Takenoiri, Yasuo	Hitake Seiko K.K.	Formation of Metal Pattern	Semi-Additive Process	88/10/15	90/4/19
54	2117827	JP	AB	Tagami, Yoshitaka	Shin Kobe Electric Mach. Co. Ltd.	Molded Circuit Board		88/10/28	90/5/2

番号	パテントナンバー	国名	タイプ	発明者	所有者	タイトル	方法	通知	公表
55	2130892	JP	AB	Nakazawa, Makoto	Fuji Photo Film Co. Ltd.	Molded Board with Circuit Pattern	2-shot Mold (Manufac)	88/11/10	90/5/18
56	2175220	JP	AB	Miyasato, Keita	Nitto Boseki	Manufacture of Injection Molding With Circuit	Insert Mold (Manufac)		
57	2177491	JP	AB	Mikuni, Mitsuzo	Shin Kobe Electric Mach. Co. Ltd.	Three-Dimensional Printed Circuit Molded Form and Manufacture Thereof	Insert Mold (Manufac)	88/12/28	90/7/10
58	2183912	GB		Mettler, John-Herbert	Mint-Pac	Injection-molded multi-layer circuit board and method for making same			
59	2183921	GB		Mettler, John-Herbert	Mint-Pac	Injection-molded multi-layer circuit board and method of making same			
60	2184855	JP	AB	Ota, Hideo	Satosen Co. Ltd.	Production of Masking Film for Three-Dimensional Printed Wiring Board	Mask (Struc)	89/1/10	90/7/19
61	2187315	JP	AB	Nishiyama, Hidemi	Furukawa	Manufacture of Electro-Conductive Plastic Molded Item			
62	2193847	GB	PS	Frisch, David	Kollmorgen, Smith Corona	Molded metallized plastic articles and process for making the same			
63	2197207	JP	AB	Urushibata, Kenichi	Sumitomo Electric Ind. Ltd.	Connection of Cable with Circuit Molded Body	Electr. Connec. (Extras)	89/1/26	90/8/3
64	2202402	JP	AB	Tagami, Yoshitaka	Shin Kobe Electric Mach. Co. Ltd.	Manufacture of Insulation Substrate for Molding Circuit Sheet			
65	2208996	JP	AB	Watabaki, Kazunori	Hitachi Chemical Co. Ltd.	Plastic Wiring Board and Manufacture Thereof	Foil (Plat)		
66	2224289	JP	AB	Oshima, Takeshi	Yazaki	Formation of Three-Dimensional Molded Circuit	Bending Process (Manufac)		
67	2239684	JP	AB	Sakakibara, Yukata	Yazaki Co.	Formation of Circuit Pattern on Resin Compact	Ultrasonic (Struc)	89/3/14	90/9/21
68	2239686	JP	AB	Oshima, Takeshi	Yazaki Co.	Manufacture of Circuit Board	Insert Mold (Manufac)	89/3/14	90/9/21
69	2246395	JP	AB	Yamagishi, Kusuo	PFU Ltd.	Forming Method for Wiring Pattern to Three-Dimensional Surface	Foil (Plat)	89/3/20	90/10/2
70	2260598	JP	AB	Iijima, Tamotsu	NEC	Manufacture of Three-Dimensional Wiring Board	Bending Process (Manufac)	89/3/31	90/10/23
71	2265293	JP	AB	Fujita, Minoru	Mitsubishi Electric Co.	Manufacture of Three-Dimensional Printed Wiring Board	Laser Direct (Struc)	89/4/5	90/10/30
72	2271589	JP	AB	Nakayama, Yoshiaki	Yazaki Co.	Junction Block Made Integrally with Circuit	2-shot Mold (Manufac)	89/4/12	90/11/6

番号	パテントナンバー	国名	タイプ	発明者	所有者	タイトル	方法	通知	公表
73	2273985	JP	AB	Watanabe, Yutaka	Aichi Electric Co.	Manufacture of Three-Dimensional Wiring Circuit Board			
74	2278792	JP	AB	Ueda, Hiroushi	Shin Kobe Electric Mach. Co. Ltd.	Manufacture of Three-Dimensional Printed Circuit Molded Body	Foil (Plat)		
75	232502	EP	PS	Schledorn, Martin	Unilever B.V., Rotterdam	Identifikations-Karten			
76	242020	EP	OS	Doyle, Barrie	Marconi Electronic Devices Ltd., Middlesex UK	Electrical Circuits	Screen Printing	87/2/2	87/10/21
77	2457351	DE	OS	Shannon, Suel Grant	AMP	Verteilergruppe zum Sichern elektrischer Bauteile auf einer gedruckten Schaltungsplatte	Electr. Connec. (Extras)	74/12/4	75/6/12
78	2514176	DE	AS	Smith, Brian	The Marconi Co. Ltd., Chelmsford, Essex, GB	Verfahren zur Herstellung von gekrümmten, doppelseitigen elektrischen Leiterplatten		75/4/1	76/7/22
79	2539379	DE	AS	Wösthoff, Ekkehard	Kabelwerke Reinshagen	Vorrichtung zum Anschließen und Haltern eines Transistors an eine gedruckte Schaltung	Electr. Connec. (Extras)	75/9/4	77/3/17
80	256428	EP	PS	Frisch, David	AMP-Akzo, Kollmorgen, Smith Corona Corp.	Molded metallized articles and process for making the same	PCK		
81	2635457	DE	PS	Heyman, Kurt	Schering	Katalytischer Lack und seine Verwendung zur Herstellung von gedruckten Schaltungen			
82	2645081	DE	PS	Romankiw	Interarntional Business Machines Corp.	Verfahren zum Herstellen einer Dünnfilmstruktur	PVD	76/10/6	77/7/14
83	2710483	DE	PS	King	King, William James	Beschichtungsverfahren	PVD	77/3/10	77/9/29
84	2715875	DE	OS	Mettler, Rollin	CIRCUIT-WISE,Inc.	Leiterplatte und Verfahren zur Herstellung einer Leiterplatte		77/4/9	77/11/10
85	277325	EP	PS	Mattelin, Antoon	Siemens	Method of and coating material for producing a printed conducting pattern on an insulated substrate	Laser Direct Marking		
86	2828146	DE	OS	Errichiello, Dominic	Motorola	Elektrische Leiterplatte	Mold (Manufac)	78/6/27	79/1/25
87	287843	EP	PS	Mattelin, Antoon	Siemens	Process for manufacturing printed circuit boards		88/3/25	88/10/26
88	2903428	DE	PS	Krusemark	Licentia Patentverwaltungs-GmbH	Verfahren zur Herstellung von Schaltungen in Dunnschichttechnik mit Dickschichtkomponenten	PVD		
89	2911761	DE	PS	Berginski, Werner-Ernst	Kostal	Elektronisches Bauteil		79/3/26	80/8/28
90	2916006	DE	PS	Gliem, Ralf	Schoeller & Co. Elektronik	Verfahren zur Herstellung von haftfesten Metallschichten auf Unterlagen, insbesondere aus Kunststoff			

番号	パテント ナンバー	国名	タイプ	発明者	所有者	タイトル	方法	通知	公表
91	291893	DD	PS	Kickelhain, Jörg	Ingenieurhochschule Mittweida, Direktorat F/IB	Verfahren zur Herstellung von Schichtverbindungen aus hochpolymeren Werkstoffen und metallischen Schichten		90/1/29	
92	291894	DD	PS	Kickelhain, Jörg	Ingenieurhochschule Mittweida, Direktorat F/IB	Verfahren zur Herstellung von Schichtverbindungen aus hochpolymeren Werkstoffen und metallischen Schichten		90/1/29	
93	3001139	JP	AB	Ota, Hideo	Satosen Co. Ltd.	Production of Mask Film for Three-Dimensional Printed Wiring Board	Mask (Struc)	89/5/29	91/1/7
94	3012889	DE	PS	Frisch, David	Kollmorgen	Basismaterial für die Herstellung einer gedruckten Schaltung		80/3/31	80/11/6
95	3013130	DE	PS	Frisch, David	Kollmorgen	Verfahren zur Herstellung eines Basismaterials für gedruckte Schaltungen		80/4/2	80/11/13
96	3016193	JP	AB	Kamei, Koichi	Furukawa	Molded Circuit Board and Manufacture Thereof	Insert Mold (Manufac)	90/2/5	91/1/24
97	3019396	JP	AB	Goto, Masao	Hitachi	Transmission Medium Insert-Molded Circuit Structure	Insert Mold (Manufac)		
98	3025996	JP	AB	Watabane, Akihiko	Nitto Boseki	Transfer Shee for Injection Molding Printed Circuit Board and Manufacture Thereof	Foil (Plat)	89/6/23	91/2/4
99	3073588	JP	AB	Kato, Tatsuo	Mitsui Petrochemical	Mold Release Film for Manufacturing Printed Wiring Board and Manufacture Thereof		89/8/15	91/3/28
100	3078289	JP	AB	Nemoto, Toshiya	Toshiba	Manufacture of Solid Wiring Board	Insert Mold (Manufac)		
101	3078291	JP	AB	Sato, Yoshizumi	Toshiba Co.	Manufacture of Three-Dimensional Printed-Circuit Board	Mold (Manufac)	89/8/21	91/4/3
102	3084987	JP	AB	Aoki, Hideo	Toshiba Co.	Cubic Wiring Board		89/8/28	91/4/10
103	3104297	JP	AB	Nagasaka, Shogo	Omron Co.	Composite Molding Electronic Circuit Device and Manufacture Thereof		89/9/19	91/5/1
104	3104614	JP	AB	Nagasaka, Shogo	Omron Corp.	Manufacture of Composite Molded Circuit Board			
105	3119787	JP	AB	Fujitani, Kenji	Showa Denko K.K.	Manufacture of Molded Material Having Three-Dimensional Substrate	Insert Mold (Manufac)		
106	3119791	JP	AB	Nishizawa, Chiharu	Mitsubishi Gas Chemical Co. Ltd.	Manufacture of Three-Dimensional Interconnection Body	Mask (Struc)	89/10/2	91/5/22
107	312994	EP	PS	Inoguchi, Hirozaku	Nitto Boseki Co. Ltd. JP	Molded article of thermoplastic resin and process for producing the same		88/10/18	89/4/26
108	3136821	JP	AB	Sugano, Naoto	Nitto Boseki	Thermoplastic Resin Molded Body and Preparation Thereof			

番号	パテントナンバー	国名	タイプ	発明者	所有者	タイトル	方法	通知	公表
109	3142994	JP	AB	Watanabe, Akihiko	Nitto Boseki	Manufacture of Transfer Sheet for Injection Molded Printed Wiring Board	Foil (Plat)	89/10/30	91/6/18
110	3142998	JP	AB	Hayashi, Yoshio	Mitsubishi Electric Co.	Electronic Apparatus			
111	3190182	JP	AB	Kamei, Koichi	Furukawa	Manufacture of Molded Circuit Board	Insert Mold (Manufac)		
112	3197687	JP	AB	Nishizawa, Chiharu	Mitsubishi Gas Chemical	Pretreatment of Molded Resin Product Before Metal Plating	Pre-Treatm. (Spec)	89/12/26	91/8/29
113	3200301	DE	PS	Frisch, David	Kollmorgen	Verfahren zum Herstellen von gedruckten Schaltungen	(Spec)	82/1/5	82/7/29
114	3222178	DE	OS	Haller, Andreas	Ivo	Elektrisch isolierender Träger mit metallischen Leitern	Hot Stamping (Struc)	82/6/12	83/12/15
115	3224234	DE	PS	Neuwald	Siemens AG	Verfahren zur Herstellung von metallfreien Streifen bei der Metallbedampfung eines Isolierstoffbandes und Vorrichtung zur Durchführung des Verfahrens	PVD		
116	323671	EP	OS	Peerlkamp, Erik Rijkele	Stamicarbon B.V., Geelen, NL	Moulded printed circuit board		88/12/27	89/7/12
117	323685	EP	PS	Yumoto, Tetsuo	Sankyo Kasei	Process for the production of molded articles having partial metal plating	SKW	88/1/7	89/7/12
118	3240300	JP	AB	Murakami, Kazuya	Hitachi Cable	Molded Circuit Board with Electromagnetic Wave Shielding Function		90/2/19	90/10/25
119	3249736	DE	PS	Frisch, David	Kollmorgen	Verfahren zur Herstellung einer Mehrlagenschaltung	(Spec)	82/1/5	82/7/29
120	3270289	JP	AB	Kagami, Yoshio	Fujitsu	Box Type Electronic Circuit Module and its Manufacture	2-shot Mold (Manufac)		
121	3278590	JP	AB	Uzaki, Shunsuke	Mitsubishi Electric Co.	Manufacture of Printed Wiring Board	Press (Manufac)	90/3/28	91/3/28
122	3283696	JP	AB	Watabane, Akihiko	Nitto Boseki	Transfer Sheet for Injection-Molded Printed Board	Foil (Plat)		
123	3296291	JP	AB	Nishibashi, Atsushi	Furukawa	Molded Circuit Board		90/4/16	91/12/26
124	3318487	DE	OS	Frisch, David	Kollmorgen	Entspannung von Polymeren durch Bestrahlung	(Spec)	83/5/19	83/11/24
125	3326968	DE	OS	Haller, Andreas	IVO	Trägerbauteil aus thermoplastischem Material mit durch Heißprären aufgebrachten metallischen Leitern	Hot Stamping	83/7/27	85/2/14
126	3333386	DE	OS	Mattelin, Antoon	Siemens	Verfahren und Einrichtung zum Beschriften von Teilen, insbesondere von elektronischen Bauelementen			

番号	パテントナンバー	国名	タイプ	発明者	所有者	タイトル	方法	通知	公表
127	3435167	DE	?	Mattelin, Antoon	Siemens				
128	3435191	DE	?	Mattelin, Antoon	Siemens			84/9/25	
129	3438127	US	PS	Lehtonen, Edwin	Friden Inc.	Manufacture of circuit modules using etsched molds	Recess (Manufac)	65/10/21	
130	3442951	DE	OS	H. Gumbert	Philips Patentverwaltung GmbH	Elektrische Schaltungsplatte mit flächenhaften Leitungszugen, die aus einem isolierenden Material besteht	Single Shot Mold	84/11/24	
131	3480592	DE	PS	Mattelin, Antoon	Siemens	Verfahren und Einrichtung zum Beschriften von Teilen, insbesondere von elektronischen Bauelementen	Laser Direct		
132	3501710	DE	PS	Reichart, Manfred	Allied Corp., Morristown, N.J. US	Leiterplatte mit integralen Positioniermitteln	Mold (Manufac)		
133	3507341	DE	OS	Wiech, Raymond	Fine-particle Technologies, Camarillo CA, US	Verfahren zum Bilden von elektrisch leitenden Bahnen auf einem Substrat			
134	3509734	DE	PS	Enochs, Raymond	Tektronix	Vorrichtung zur Kontaktierung eines integrierten Schaltkreises mit einer			
135	3516508	DE	OS	Römer	SEL	Koaxialkabelanschluß an einer Federleiste		85/5/8	86/11/13
136	3538652	DE	PS	Frisch, David	Kollmorgen	Verfahren zur Herstellung eines mit einem Metallmuster versehenen Isoliersubstrats, insbesondere gedruckte Schaltung, in Voll-Additiv-Technik	Fully Additive Proc.	85/10/28	86/4/30
137	3538937	DE	PS	Frisch, David	AMP-Akzo	Verfahren zum Herstellen von Basismaterial für gedruckte Schaltungen			
138	3544385	DE	PS	Schledorn, Martin	Unilever B.V., Rotterdam	PVC-Folie zum Herstellen von Identifikations-Karten			
139	3546611	DE	PS	Frisch, David	Kollmorgen	Verfahren zum Herstellen von gedruckten Schaltungen	Subtractive Proc.	85/10/31	86/5/7
140	3570995	DE	?	Mattelin, Antoon	Siemens	Appliance for the contactless changing of the surface of objects		84/9/25	
141	3604698	DE	OS	Schuhmacher	Leybold-Heraeus GmbH	Maske für ringförmige Substrate	PVD		
142	3605342	DE	OS	Frisch, David	Kollmorgen	Für das Aufbringen fest haftender Metallbeläge geeignete Formkörper, metallisierte Formkörper sowie Verfahren zu deren Herstellung			
143	361192	EP	PS	Mattelin, Antoon	Siemens	Method of making circuit boards		89/9/11	90/4/4
144	361193	EP	OS	Schmidt, Hans-Friedrich	Siemens	Leiterplatte mit einem spritzgegossenen Substrat	Recessed (Struc)		

215

番号	パテント ナンバー	国名	タイプ	発明者	所有者	タイトル	方法	通知	公表
145	361195	EP	OS	Heerman, Marcel	Siemens	Printed circuit board with moulded substrate			
146	3643130	DE	?	Mattelin, Antoon	Siemens	?			
147	3687346	DE	PS	Atkinson, Anthony	UFE	Herstellung von gedruckten Schaltungen	?	86/9/3	87/3/12
148	370133	EP	OS	Mattelin, Antoon	Siemens	Process for producing printed circuit boards		88/11/24	90/5/30
149	3708214	DE	OS	Römer	Merck	Verfahren zur haftfesten Metallisierung von Kunststoffen	Pre-Treat.. (Spec)		
150	3713792	DE	?	Mattelin, Antoon	Siemens			87/4/24	
151	3726744	DE	PS	Frisch, David	Kollmorgen	Verfahren zur Herstellung eines an seiner Oberfläche mit einem Metallmuster versehenen Kunststoffgegenstands			
152	3732249	DE	OS	Mattelin, Antoon	Siemens	Verfahren zur Herstellung von dreidimensionalen Leiterplatten	Laser Direct		
153	3740369	DE	OS	Römer, Michael	Schering	Verfahren zur Vorbehandlung von Kunststoffen	Pre-Treat. (Spec)		
154	3769785	DE	OS	Boone, Luc	Siemens	Verfahren zum Aufbringen elektrisch leitender Druckbilder auf isolierende Substrate			
155	3800144	DE	PS		Gesellschaft für Oberflächentechnik GFO mbH	Verfahren zur Aufbringung haftfester Aluminiumschichten auf Polycarbonatteile	PVD		
156	3832299	DE	OS	Römer, Michael	Schering	Verfahren zur Herstllung eines 3D-Leiterbahnk pers mit einem tiefergelegten	Subtractive Process		
157	3832497	DE	PS	Fitzgerald, Robert	Krone GmbH, Berlin	Kontaktelement für elektrische Leiter		88/9/2	
158	3843230	DE	PS	Röm, Dieter	Heraeus	Verfahren zur Herstellung eines metallischen Musters auf einer Unterlage, insbesondere zur Laserstrukturierung von Leiterbahnen			
159	384927	EP	PS	Kobayashi, Kenzo	Furukawa	Molded circuit board	Insert Mold (Manufac)	89/3/1	90/9/5
160	3860511	DE	PS	Mattelin, Antoon	Siemens	Verfahren zur Herstellung von Leiterplatten			
161	386279	EP	PS	Kobayashi, Kenzo	Furukawa	A molded circuit board		89/3/6	90/9/12
162	3902991	DE	OS	Römer, Michael	Schering	Verfahren zum haftfesten Metallisieren von hochtemperatur-stabilen Kunststoffen	Pre-Treat. (Spec)		

番号	パテント ナンバー	国名	タイプ	発明者	所有者	タイトル	方法	通知	公表
163	3908097	DE	OS	Haller, Andreas	IVO Irion & Voessler	Prägefolie zum Aufbringen von Leiterbahnen auf feste oder plastische Unterlagen	Hot Stamping	89/3/13	90/9/20
164	3917294	DE	OS	Schüler, Ralf	Hüls AG	Mit Laserlicht beschriftbare hochpolymere Materialien			
165	392473	EP	OS	O'Brien, John F:	AMP-AKZO	Electical Connector comprising a molded compliant spring		90/4/10	90/10/17
166	3934453	DE	OS	Schaaf, Herbert	SEL	Spritzgegossene Leiterplatte			
167	4005886	JP	AB	Matsui, Hirotoshi	Sharp	Manufacture of Wiring	Powder (Plat)	90/4/23	92/1/9
168	4010693	JP	AB	Watabane, Akihiko	Nitto Boseki	Transfer Sheet for Injection-Molded Printed Board	Foil (Plat)	90/4/27	92/1/14
169	4012217	DE	PS	Hölzle, Dieter	Hölzle, Dieter	Steckbares Befestigungselement für Leiterplatten	Electr. Connec. (Extras)	90/4/14	91/10/17
170	4016508	DE	PS	Pichler	Rudi Göbel GmbH & Co. K.G.	Kunststoffformteile, Verfahren zur Erhöhung der Haftfähigkeit von Kunststoffoberflächen und Verfahren zur Herstellung eines Metall/Kunststoff-Verbundes	Pre-Treatment		
171	4018319	JP	AB	Iso, Yoichi	Furukawa	Manufacture of Double-Side Molded Circuit Board and Mold Assembly	Insert Mold (Manufac)		
172	4024987	JP	AB	Miyasato, Keita	Nitto Boseki	Base Material for Printed Circuit Board Composed of Photo-Setting Resin		90/5/15	92/1/28
173	4039011	JP	AB	Watabane, Akihiko	Nitto Boseki	Composite Printed Wiring Board and its Manufacture	Foil (Plat)		
174	404177	EP	OS	Watabane, Akihiko	Nitto Boseki Co. Ltd.	Transfer sheet for making printed_wiring board by injection molding and method for producing same	Insert Mold (Manufac)	90/6/22	90/12/27
175	4062119	JP	AB	Kamei, Koichi	Furukawa	Preparation of Resin Molding With Electrically Conductive Layer	Insert Mold (Manufac)		
176	4062988	JP	AB	Murayama, Hiroshi	Hitachi Chemical	Manufacture of Plastic Mold with Circuit	Sputter (Plat)	90/7/2	92/2/27
177	4065183	JP	AB	Nishibashi, Atsushi	Furukawa	Circuit Board Fitted with Projections and Method of Solder Application to Said Board, and Jig	Screen Print	90/7/5	92/3/2
178	4069221	JP	AB	Watabane, Akihiko	Nitto Boseki	Method for Transfer Molding of Electrically Conductive Circuit	Insert Mold (Manufac)		
179	4078190	JP	AB	Nishibashi, Atsushi	Furukawa	Module of Functional Circuit	Bending Process (Manufac)	90/7/20	92/3/12
180	4078192	JP	AB	Iketani, Kunio	Sumitomo Bakelite Co. Ltd.	Manufacture od Printing Wiring Plate	Mold (Manufac)	90/7/20	92/3/12

番号	パテント ナンバー	国名	タイプ	発明者	所有者	タイトル	方法	通知	公表
181	4078196	JP	AB	Amano, Toshiaki	Furukawa	Three-Dimensional Circuit Noard with Shielding Layer		90/7/20	92/3/12
182	407892	EP	OS	Zinn, Bernd	Grote&Hartmann	Schneidklemmkontakt element	Electr. Connec. (Extras)	90/7/5	91/1/16
183	4082292	JP	AB	Kitagawa, Koji	Kitagawa	Manufacture of Three-Dimensional Circuit Board	Vacuum (Manufac)		
184	4083876	JP	AB	Ando, Yoshiyuki	Hitachi Cable	Two-Shot Plastic Molding	PCK		
185	4083877	JP	AB	Ando, Yoshiyuki	Hitachi Cable	Two-Shot Plastic Molding	PCK		
186	4083878	JP	AB	Ando, Yoshiyuki	Hitachi Cable	Two-Shot Plastic Molding	PCK		
187	4110116	JP	AB	Numazaki, Yuuki	Nitto Boseki	Injection Molded Printed Wiring Board and its Manufacture	Insert Mold (Manufac)		
188	4114921	DE	PS	Koschke, Peter	Ahlborn Meβ- u. Regelungstechnik	Elektrischer Stecker mit einem elektronischen Datenträger			
189	4123370	DE	OS	Robock, Wilfried	Robock, Wilfried	Verfahren zur Herstellung elektrischer Schaltungen auf der Basis flexibler Leiterplatten	Bending Process (Manufac)		
190	4125863	DE	OS	Kickelhain, Jörng	LPKF	Verfahren zum Aufbringen von strukturierten Metallschichten auf Glassubstraten	Even Mask (Struc)		
191	4129292	JP	AB	Kuroki, Katsuhiko	Fuji Xerox Co. Ltd.	Wiring Board and Manufacturing Thereof			
192	4131065	DE	OS	Mattelin, Antoon	Siemens	Verfahren zur Herstellung von Leiterplatten	Laser Direct	91/9/18	93/3/4
193	4133835	DE	OS	Kitagawa, Hiroji	Kitagawa	Leitungselement	Conductive Paste (Plat)	91/10/12	92/4/16
194	4138818	DE	OS	Kitagawa, Hiroji	Kitagawa	Gehäuse mit darin angeordneten elektrischen Leitungen			
195	4142138	DE	PS	Huber, Elmar	Bosch	Elektrisches Steuergerät			
196	4164394	JP	AB	Komagine, Rikio	Hitachi Cable	Synthetic Resin Molded Good Having Pattern-Like Metallic Layer and Electromagnetic Wave Shielding Body	2-shot Mold (Manufac)		
197	416461	EP	OS	Nakano, Akikaru	Idemitsu Kosan Co. Ltd., Tokyo, JP	Material for molding printed circuit board and printed circuit board using said material		90/8/30	91/3/13
198	416568	EP	OS	Williams, John D.	AMP-AKZO	Method of designing three dimensional electrical circuits	CAD (Design)	90/9/5	91/3/13

番号	パテント ナンバー	国名	タイプ	発明者	所有者	タイトル	方法	通知	公表
199	4180696	JP	AB	Ishibashi, Takanobu	Hitachi Cable	Electronic Apparatus Provided with Display Element			
200	4196596	JP	AB	Kitagawa, Koji	Kitagawa	Box Body Housing Conductor		90/11/28	92/7/16
201	4206989	JP	AB	Watabane, Akihiko	Nitto Boseki	Printed Wiring and Manufacture Thereof	Insert Mold (Manufac)		
202	4206992	JP	AB	Watabane, Akihiko	Nitto Boseki	Printed Wiring Board and Fabrication Thereof	Foil (Plat)	90/11/30	90/7/28
203	4206993	JP	AB	Sugano, Naoto	Nitto Boseki	Conductive Circuit Transfer Sheet and Printed Interconnection Unit Using this Transfer Sheet		90/11/30	92/7/28
204	4208588	JP	AB	Azumaguchi, Yutaka	Fujitsu	Flexible Printed Circuit Board Module and Three-Dimensional Circuit Module Using the Same			
205	4221879	JP	AB	Omori, Kazumitsu	Meiki Co. Ltd.	Printed Circuit Board Having Jumper Part and Manufacture Thereof			
206	4239795	JP	AB	Kitagawa, Koji	Kitagawa	Fabrication of Injection Molded Circuit Parts	2-shot Mold (Manufac)		
207	4243356	DE		Hierl, Robert	Siemens	Bestückungsverfahren für eine Leiterplatte		92/12/23	
208	4251994	JP	AB	Komagine, Rikio	Hitachi Cable	Plastic Molded Object with Pattern-Shaped Metal Layer and its Manufacture	2-shot Mold (Manufac)	90/10/26	92/9/8
209	4253390	JP	AB	Komuro, Hiroshi	Hitachi Cable	Stereoscopic Printed Circuit Board			
210	4309287	JP	AB	Ohira, Hiroshi	Toshiba Corp.	Manufacture of Three-Dimensional Circuit Board	Insert Mold (Manufac)		
211	4332190	JP	AB	Asano, Hideki	Hitachi Cable	Composite Molded Product of Synthetic Resin Having Patterned Metal Layer and Electromagnetic Wave Shield			
212	4335594	JP	AB	Watabane, Kenji	Hitachi Chemical Co. Ltd.	Manufacture of Molded Product Provided with Conductive Circuit	2-shot Mold (Manufac)		
213	4337078	JP	AB	Oaku, Toahiyuki	Hitach Cable	Production of Plastic Molding Having Patterned Metallic Layer on Surface			
214	4337692	JP	AB	Numazaki, Yuuki	Nitto Boseki	Method and Apparatus for Manufacturing Injection Molded Printed Wiring	Insert Mold (Manufac)		
215	437296	EP	OS	Mouissie, Bob	Du Pont de Nemours	A hybrid connector having contact elements in the form of flexible conductor film	Electr. Connec. (Extras)	91/1/9	91/7/17
216	4373196	JP	AB	Sato, Yoshiaki	Wacom	Molded Goods with Circuit for Surface Mounting		91/6/21	92/12/25

番号	パテントナンバー	国名	タイプ	発明者	所有者	タイトル	方法	通知	公表
217	4389299	US	PS	Adachi, Ryuichi	Osaka Vacuum Chemical	Sputtering device	Sputter (Plat)	81/6/22	
218	4415607	US	PS	Denes, Oscar L.	Allen-Bradley (US)	Method of Manufacturing Printed Circuit Network Devices	Captured Decal	82/9/13	
219	443097	EP		Mettler, John-Herbert	Baasel Lasertechnik	3D plating or etching process and masks therefor	Mask (Struc)	90/11/8	91/8/28
220	4431520	DE	PS	Erdmann	Battelle-Institut eV	Verfahren und Vorrichtung zum Ausbilden strukturierter Beschichtungen auf zylinderförmigen Körpern sowie deren Anwendung	PVD		
221	453582	SE	PS	Frisch, David	Kollmorgen	Forfarande för spenningsutlosning av en Sulfonpolymerartikel genom elektromagnetisk stralning			88/2/15
222	454125	SE	PS	Frisch, David	Kollmorgen	Underlagsmaterial for framstelling av trycta kretskort			88/3/28
223	4584767	US	PS	Gregory, Vernon	Gregory	In-mold process for fabrication of molded plastic printed circuit boards	Insert Mold (Manufac)	84/7/16	
224	4591220	US	PS	Impey, John	John Impey, Rollin Mettler, John Mettler	Injection molded multi-layer circuit board and method of making same		85/8/28	
225	4594311	US	PS	Frisch, David	Kollmorgen	Process for the photoselective metallisation on non-conductive base materials		84/10/29	
226	460548	EP	OS	Kohm, Thomas	AMP-Akzo	Printed circuits and base materials precatalyzed for metal deposition		91/5/31	91/12/11
227	466202	EP	OS	Mattelin, Antoon	Siemens	Method of making circuit boards		89/9/11	92/1/15
228	4689103	US	PS	Elarde, Vito	Du Pont (de) Nemours	Method of manufacturing injection molded printed circuit boards in a common planar array		85/11/18	
229	4692878	US	PS	Ciongoli, Bernard	Ampower Technologies Inc., Totowa N.J., USA	Three-dimensional spatial image system	Projection (Struc)		
230	469635	EP	OS	Mattelin, Antoon	Siemens	Method of making circuit boards		89/9/11	92/2/5
231	470232	EP		Mettler, John-Herbert	GE	3D plating or etching process and masks therefor	Mask(Struc)		
232	4710419	US	PS	Gregory, Vernon	Gregory	In-mold process for fabrication of molded plastic printed circuit boards	Insert Mold (Manufac)		
233	471386	EP	OS	Frisch, David	AMP-AKZO	Process for the preparation of conductive patterns on thermoplastic polymer base substrates	Pre-Treatm. (Spec)	85/10/31	90/2/19
234	4764327	US	PS	Nozaki, Mitsuru	Mitsubishi Gas Chemical	Process of producing plastic-molded printed circuit boards	2 Part (Manufac)	87/1/14	

番号	パテントナンバー	国名	タイプ	発明者	所有者	タイトル	方法	通知	公表
235	4812275	US	PS	Yumoto, Tetsuo	Sankyo Kasei	Process for the production of molded articles having partial metal plating	2-shot Mold (Manufac)	87/10/15	
236	4812353	US	PS	Yumoto, Tetsuo	Sankyo Kasei	Process for the production of circuit board and the like	2-shot Mold (Manufac)	87/10/15	
237	4837129	US	PS	Frisch, David	Kollmorgen, Bell Telephone	Process for producing conductor patterns on 3D articles	3D Mask	86/11/7	
238	4853252	US	PS	Mattelin, Antoon	Siemens, Huber	Method of coating material for applying electrically conductive patterns to insulating surfaces	Laser Direct (Struc)		
239	4912288	US	PS						
240	4913938	US	PS	Kawakami, Takamasa	Mitsubishi Gas Chemical	Method for producing copper Film-formed articles	Additive (Plat)	88/12/23	
241	4914259	US	PS	Kobayashi, Kenzo	Furukawa	Molded Circuit Board	Insert Mold (Manufac)	89/2/16	
242	4929422	US	PS	Römer, Michael	Schering	Process for the adhesive metallisation of synthetic materials		88/3/14	
243	4952158	US	PS	Nakagwa, Asaharu	Kitagawa	Conductive Board Spacer		89/11/20	
244	4985116	US	PS	Zaderej	Mint-Pac	Three Dimensional Plating or Etching Process and Masks therefor	3D Mask		
245	5003693	US	PS	Atkinson, Anthony	Allen-Bradley International Ltd. (GB)	Manufacture of Electrical Circuits	Insert Mold (Manufac)	89/9/11	
246	5004284	JP	AB	Miyasato, Keita	Nitto Boseki	Substrate for Printed Wiring Board for Which Photosetting Resin is Used and Manufacture Thereof	Lithogr. (Manufac)		
247	5019425	US	PS	Römer, Michael	Schering	Process for the pre-treatment of synthetic materials	Pre-Treatm. (Spec)		
248	5029749	JP	AB	Ando, Yoshiyuki	Hitachi Cable	Plastic Molded Item	2-shot Mold (Manufac)		
249	5037132	JP	AB	Omori, Kazumitsu	Meiki Co. Ltd.	Manufacture of Solid Formed Substrate			
250	5047114	US	PS	Frisch, David	AMP-AKZO	A process for producing metal clad thermoplastive base materials and printed circuit conductors on thermoplastic base materials		89/2/21	
251	5055715	JP	AB	Sato, Yoshiaki	Wacom	Molding with Circuit and its Manufacture	PCK		
252	5082943	JP	AB	Numazaki, Yuuki	Nitto Boseki	Manufacture of Injection Molding Printed Board	Foil (Plat)	91/1/22	93/4/2

番号	パテント ナンバー	国名	タイプ	発明者	所有者	タイトル	方法	通知	公表
253	5082996	JP	AB	Asano, Hideki	Hitachi Cable	Electromagnetically Shielded Circuit Board			
254	5089937	JP	AB	Oaku, Toshiyuki	Hitachi Cable	Manufacture of Connector Integration Type Circuit Mold			
255	5090738	JP	AB	Oaku, Toshiyuki	Hitachi Cable	Manufacture of Injection Molding Circuit Parts		91/9/26	93/4/9
256	5106191	JP	AB	Oku, Yasuyuki	Mitsubishi Paper Mills Ltd.	Heat-Resistant Sheet and its Production		91/10/18	93/4/27
257	5127838	US	PS	Zaderej	GE	Plated electrical connectors		90/2/23	
258	5136546	JP	AB	Matsuoka, Hiroaki	Matsushita Electric Ind. Co. Ltd.	Method of Manufacturing Printed Wiring Board			
259	5156552	US	PS	Zaderej	GE	Circuit board edge connector		90/2/23	
260	5158465	US	PS	Zaderej	GE	Audio jack connector		90/2/23	
261	5168216	JP	AB	Shimizu, Masao	Idea K.K.	Three-Dimensional Circuit Board			
262	5178988	US	PS	Leech, Edward J.	AMP-AKZO	Photoimageable permanent resist		91/7/29	
263	5183254	JP	AB	Akeda, Satoyuki	Polyplastics	Method of Forming Three-Dimensional conductive Circuit	Even Mask (Struc)	91/12/27	93/7/23
264	5190992	JP	AB	Taguchi, Yukihisa	Dainippon Printing Co. Ltd.	Printed Board and Integral Type Printed Board Molding	Foil (Plat)		
265	5190993	JP	AB	Taguchi, Yukihisa	Dainippon Printing Co. Ltd.	Integral Type Printed Board Molding	Foil (Plat)		
266	52042766	JP	AB	Hirai, Hiromoto	Daini Seikosha K.K.	Ellectronic Watch		75/9/30	77/2/4
267	5206614	JP	AB	Ando, Yoshiyuki	Hitachi Cable	Method for Manufacturing Plastic Molding	2-shot Mold (Manufac)		
268	521343	EP	OS	Morita, Takeshi	Mitsubishi Denki K.K., Tokyo, Japan	Electronic Device and its production method	Insert Mold (Manufac)		
269	5218619	JP	AB	Katou, Seiji	Tokuyama Soda Co. Ltd.	Manufacture of Circuit Board	2-shot Mold (Manufac)	92/1/30	93/8/27
270	5220488	US	PS	Denes, Oscar L.	UFE	Injection Molded Printed Circuits	Capture Decal	92/4/27	

番号	パテント ナンバー	国名	タイプ	発明者	所有者	タイトル	方法	通知	公表
271	522370	EP	OS	Hess, Gerhard	Hoechst	Pigmenthaltige Kunststoff-Formmasse			
272	5232710	JP	AB	Komagine, Rikio	Hitachi Cable Ltd.	Phot-Mask Fixing Method			
273	5235502	JP	AB	Takahashi, Norihisa	Fujitsu	Component Mounting Structure of Three-Dimensional Injection Molded Substrate		92/2/19	93/9/10
274	5235511	JP	AB	Ando, Yoshiyuki	Hitachi Cable	Synthetic Resin Composite Molded Object and Manufacture Thereof		92/2/25	93/9/10
275	5243130	US	PS	Kitagawa, Hiroji	Kitagawa	Housing provided with conductive wires therein	Insert Mold (Manufac)	91/11/18	
276	534576	EP	OS	Kickelhain, Jörg	LPKF	Verfahren zum Aufbringen von strukturierten Metallschichten auf Glassubstraten	Even Mask (Struc)	92/7/7	93/3/31
277	56046540	JP	AB	Yoshikawa, Kenichi	Citizen Tokei KK	Manufacture of circuit board for watch	Insert Mold (Manufac)		
278	564819	EP	OS	Vetter	Multi-Arc Oberflächentechnik GmbH	Verfahren zur Abscheidung haftfester metallischer oder keramischer Schichten sowie haftfester Kohlenstoffschichten auf temperaturempfindlichen Materialien	PVD		
279	575850	EP	OS	Akins, Rickey	Martin Marietta Corp., Bethesda MD, US	Direct Laser Imaging for three-dimensional circuits and the like	Laser Direct (Struc)		
280	576128	AU	OS	Frisch, David	Kollmorgen	Photoselective metallisation of plastic substrates	Fully Additive Process		
281	58001072	JP	AB	Seki, Kuniaki	Hitachi Cable (Densen)	Partially Vacuum Vapor-Depositin Method and its Device	CVD (Plat)	81/6/24	83/1/6
282	58120640	JP	AB	Yonezawa, Keiichi	Seikoushiya K.K.	Method for Partial Plating of Plastic Molded Article	Resist (Struc)		
283	582336	EP	OS	Mayernik, Richard Arthur	AMP-Akzo	Improved electroless copper deposition		93/7/23	94/2/9
284	61004267	JP	AB	Koyama, Akira	Nippon Denki KK	Three-dimensional mounting circuit module	Insert Mold (Manufac)	84/6/18	86/1/10
285	61143580	JP	AB	Shiga, Shoji	Furukawa	Partial Chemical Plating Method of Non-Metallic Member	Laser Direct (Struc)	84/12/14	86/7/1
286	61504631	JP	OS		UFE				
287	62166973	JP	AB	Yumoto, Tetsuo	Sankyo Kasei	Production of Formed Article such as Circuit Board			
288	62257819	JP	AB	Goto, Sototami	Nitto Boseki	Cast Molding Equipment	Insert Mold (Manufac)		

番号	パテントナンバー	国名	タイプ	発明者	所有者	タイトル	方法	通知	公表
289	62280018	JP	AB	Yamanaka, Tsuneyuki	Nissha Printing Co. Ltd.	Transfer Material for Printed-Wiring Board and Printed-Wiring Board Made of Said Transfer Material and Manufacture Thereof			
290	62293749	JP	AB	Sato, Yoshiyuki	Nippon Telegr. & Teleph. Corp (NTT)	Three-Dimensional Mounting Structure of Semiconductor Device and Manufacturing thereof	Electr. Connec. (Extras)	86/6/13	87/12/21
291	62296977	JP	AB	Yamaguchi, Kenji	Hitachi Cable	Manufacture of Partial Clad Material	Press (Manufac)	85/12/25	87/12/24
292	63016886	JP	AB	Yumoto, Tetsuo	Sankyo Kasei	Formation of Plated Plastic Formed Product	2-shot Mold (Manufac)	86/7/9	88/1/23
293	63080542	JP	AB	Nomura, Tadahiro	IBIDEN Co. Ltd.	High Density wiring substrate with solder bumps	Reflow (LO)	86/9/24	88/4/11
294	63129653	JP	AB	Yumoto, Tetsuo	Sankyo Kasei	Circuit Board made of thermoplastic resin and manufacture thereof	2-shot Mold (Manufac)		
295	63149384	JP	AB	Nomura, Isao	Mitsubishi Gas Chemical	Method for Plating Polyamide Resin		86/12/12	88/6/22
296	63162209	JP	AB	Takatake, Yasushi	Ricoh Co. Ltd.	Production of Resin Box With Shielding Plate		86/12/26	88/7/5
297	63162212	JP	AB	Nozaki, Mitsuru	Mitsubishi Gas Chemical	Preparation of Plastic-Molded Printed Circuit Board	Mold (Manufac)		
298	63193	AT		Mattelin, Antoon	Siemens	Verfahren und Beschichtungsmittel zum Aufbringen elektrisch leitender Druckbilder auf isolierende Substrate			
299	63239968	JP	AB	Yamaguchi, Takahiro	Toshiba	Multilayered Circuit Board		87/7/23	88/10/5
300	63246217	JP	AB	Koyama, Hironori	Meiki Co. Ltd.	Injection Mold for Printed Circuit Board	Insert Mold (Manufac)		
301	63265495	JP	AB	Urakuchi, Yoshinori	Matsushita Electric Works Ltd.	Multilayer interconnection board	Bending Process (Manufac)	87/4/23	88/11/1
302	63275203	JP	AB	Sugawara, Takao	Hitachi Chem. Co. Ltd.	One Body Molded Product of High Frequency Antenna Substrate and its Manufacture	Insert Mold (Manufac)		
303	63275204	JP	AB	Sugawara, Takao	Hitachi Chem. Co. Ltd.	One Body Molded Product of High Frequency Antenna Substrate and its Manufacture	2-shot Mold (Manufac)		
304	63275205	JP	AB	Sugawara, Takao	Hitachi Chem. Co. Ltd.	One Body Molded Product of Antenna Substrate for High Frequency			
305	63284888	JP	AB	Isawa, Masayuki	Furukawa	Manufacture of Circuit Molded Form	Insert Mold (Manufac)	87/5/18	88/11/22
306	63285995	JP	AB	Yumoto, Tetsuo	Sankyo Kasei	Circuit Substrate	Screen Print (Struc)	87/5/19	88/11/22

番号	パテント ナンバー	国名	タイプ	発明者	所有者	タイトル	方法	通知	公表
307	63299392	JP	AB	Nagatomo, Yasuharu	Toppan Printing Co. Ltd.	Three-Dimensional Molded Item Having Circuit Wiring on Surface Thereof	Foil (Plat)	87/5/29	88/12/6
308	63301590	JP	AB	Yumoto, Tetsuo	Sankyo Kasei	Manufacture of Molded Product such as Circuit Board	SKW	87/5/2	88/12/8
309	783270	ZA	PS	Errichiello, D.	Motorola	Moulded Circuit Board			
310	8105415	ZA		Frisch, David	Kollmorgen	Radiation stress relieving of sulfone polymer articles			
311	8114897	DE	GM		Krone GmbH, Berlin	Biegefreundliche Leiterplatte mit zueinander parallel ausgerichteten Bauelementen	Automated (Mount)	81/5/20	84/2/9
312	82461	AT	PS	Frisch, David	AMP-AKzo	Gegossene metallisierte Kunststoff-Gegenstande und Verfahren zur Herstellung			
313	8502036	US		Mettler, John-Herbert	Mint-Pac	Injection molded multi-layer circuit board and method for making same			
314	8600878	DE	GM		Philips	Elektrische Schaltungsplatte aus einem isolierenden Schichtstoff-Papiermaterial	(Manufac)		
315	8633771	DE	GM	Mehl, E.	Siemens, Huber	Beschichtungsmittelmischung zum Aufbringen elektrisch leitender Druckbilder, insbesondere Leiterbilder			
316	87115742	EP		Zaderej	IBM	Computersystem mit speziellen Karten			
317	9107710	DE	GM		Kitagawa Industries Co. Ltd., Nagoya, Aichi JP	Dreidimensionales Schaltungssubstrat	Vacuum (Manufac)		
318	9404443	DE	GM	Feldmann, Klaus	Feldmann	Flexibles Positioniermodul zur Handhabung von Werkstückträgern für räumliche Schaltungsträgerim Arbeitsraum von Montagesystemen für elektronische Bauelemente	Automated (Mount)	94/3/16	94/6/1
318		DE	PS	Kobayashi, Kenzo	Furkawa	Molded Circuit Board		89/2/15	

2　MIDの適用製品の機能・特徴一覧

　世界の特許動向の中で，MIDが部品として，使われているケースについて，代表的なものを紹介している。具体的には，MID製品，MIDのメーカー，そのMIDを使用している製品のユーザー，そのMIDが適用される製品例，MIDの機能と特徴などについて表にまとめている。

番号	製品	メーカー	ユーザー	適用製品	機能	特徴
1	Computer Chassis	CIRCUIT-WISE,Inc.	IBM Lexmark	PCs	Circuit board for speakers, LED display and THDs	To avoid manual soldering; Integration of assembly aids for large components
2	Active Connector	CIRCUIT-WISE,Inc.	AMP	Motherboards for the connection to VME and Multibus plug-in cards	IC carrier and connection to Euro Card	Higher clock rate through lower inductive, capacitive and electrical resistance; higher number of daughterboards possible on each motherboard through reduced amount of data exchange with CPU
3	Fan	CIRCUIT-WISE,Inc.	Nidec	Board for PC fan motor	Carrier of THDs and motor	Snap-in catch allows simple assembly of electrical motor
4	Handheld Radio	CIRCUIT-WISE,Inc.	Motorola	Mobile Communication, e.g. Taxi Cabs	Housing, assembly component carrier and circuit board	Improved heat dissipation; EMI shielding, flexible circuit carrier, circuit board and housing integrated into one part
5	Personal Communicator	CIRCUIT-WISE,Inc.	Motorola	Mobile phone of the Motorola Iridium Communication System with 66 satellites: compatible feature to the Terrestric Mobile Communication System	Base carrier for eight-layer circuit board, LCD and key pad	Integrated connector strip and EMI shielding
6	Instrument Panel	CIRCUIT-WISE,Inc.	Ford/ VW	Dash Board in Ford/ VW Minivan	Circuit board and instrument carrier	Integrated electrical and mechanical connections; injection molded spring elements increase assembly tolerances and compensate tensions during operation; carrying light bulbs and display elements
7	Instrument Carrier	CIRCUIT-WISE,Inc.	John Deere	Tractor	Housing carrying instruments and light bulbs	Integrated electrical and mechanical connections as well as housing
8	Instrument Carrier	CIRCUIT-WISE,Inc.	Ford	Automobiles	Housing carrying instruments	Integrated electrical and mechanical connections as well as housing
9	Connecting Element	CIRCUIT-WISE,Inc.	Rolm	Telephone	Electrical connection	Substitution of cable connectors for easier assembly
10	Rear Light	MITSUI PATHTEK Corporation	Ford	Rear light housing in the Ford Explorer and Aerostar Models	Housing, carrier for light bulbs and circuit tracks	Part count reduction from originally 14 down to 1
11	Remote Control	MITSUI PATHTEK Corporation	Lectron/ General Motors	Remote control for the automatic activation of an automobile central lock	Integration of circuit board, battery carrier, and ball cage	
12	Digitizing Pen	MITSUI PATHTEK Corporation	Calcomp/ Compaq	Mouse functions	Direct selection of menu items of the program, by pressing the digitizing pen onto the screen (instead of selection with mouse);	Integration of 7 components into a single part
13	Lighting Bar	MITSUI PATHTEK Corporation	Puritan Benett/ Boeing	Boeing 757	Carrier and electrical connection of display bulbs: "Fasten seat belt, no smoking"	
14	Paper Sensor	MITSUI PATHTEK Corporation	Kodak	Desktop microfilm device	Carrier of three switches, for paper transport control, and a carbon brush for centering the originals	
15	Insulated Connector	MITSUI PATHTEK Corporation	Hewlett Packard	Oscilloscope	Electrical connection and shielding	Easier manufacturing process compared to insert molding
16	Switch Housing	MITSUI PATHTEK Corporation	Streamlight	Flash lights for cameras	Electrical connection and switch	
17	Continuous Control	MITSUI PATHTEK Corporation	Black & Decker	Rechargeable drilling machine	Housing, electrical connection, LED carrier, for continuous speed control	
18	Shielded Connector	MITSUI PATHTEK Corporation	Berg	Computers	Shielded electrical connection	Stronger metal layers and better shielding compared to vapour deposition

番号	製品	メーカー	ユーザー	適用製品	機能	特徴
19	LED Carrier	MITSUI PATHTEK Corporation	Baxter	Dialysis device	Housing and electrical connection of LED in optical flow control sensor	Easier assembly and significant cost reduction for cleaning during operation
20	Antenna	CIRCUIT-WISE, Inc.	Texas Instruments	Radar antenna for collision prevention device	Carrier of metal tracks	
21	Speedometer Holder	Sankyo Kasei Co. LTD		Automobile speedometer	Holder for speedometer arrow	
22	Fan Switch	MITSUI PATHTEK Corporation	Eaton	Chrysler Minivan	Housing and electrical connection to heating and fan	
23	Cordless Mouse	MITSUI PATHTEK Corporation	Kurta	Computer peripherals	Housing and circuit board for on/off-switch	
24	Optical Revol. Counter	MITSUI PATHTEK Corporation	BEI	Various electronic devices (e.g. copiers, computers, printers)	Revolution control of floppy disc drives	
25	LED Chip	Sankyo Kasei Co. LTD				
26	Commutator	Sankyo Kasei Co. LTD		Spindle motor in floppy disk drive	Electrical connection to motor rotor	
27	Light Sensor	Sankyo Kasei Co. LTD	SAAB	Automobiles	Sun intensity detection for temperature control	
28	Antenna Component	Sankyo Kasei Co. LTD	NTT (Japanese Phone Company)	Sender and receiver for Telecommunication	11 components assembled to an antenna	
29	Chip Housing	Sankyo Kasei Co. LTD		Amplifiers, HDTV, Mobile Phones	Housing for MMIC to provide mechanical protection	
30	Chip Carrier	Sankyo Kasei Co. LTD				
31	Insulators	Sankyo Kasei Co. LTD	Murata	Mobile Phone Handset	Keyboard	
32	Frequency Filter	Sankyo Kasei Co. LTD		HF Technology	Frequency filter	Integration of 1 inductive and 2 capacitive resistors
33	Illuminated Speedo Arrow	Sankyo Kasei Co. LTD	Toyota	Automobiles	Speedometer arrow with integrated LEDs	
34	Carrier Element for AG 95	FUBA Printed Circuits	Siemens AG	Small contol systems for car wash systems and entry/exit gates of car parks	Carrier of memory and CPU components in small control unit AG 95	EMI shielding, housing, heat sink and circuit board integrated into a single part; improved heat dissipation; easier recycling
35	Power Supply for AG 90	FUBA Printed Circuits	Siemens AG	Small contol systems for car wash systems and entry/exit gates of car parks	Housing and circuit board for electronic components in power supply of small control unit AG 95	Ecologically friendly with increased mechanical strength and electromechanical durability; allows higher component density
36	Face Contact	FUBA Printed Circuits	Siemens AG	Mobile Communication	Face contact in mobile phone to connnect handset and station through 1 HF and 11 signal contacts	No bending of metal springs necessary; 10% cost reduction in the assembly process

番号	製品	メーカー	ユーザー	適用製品	機能	特徴
37	Switch for Seat Belt	FUBA Printed Circuits	Mercedes Benz AG	all Mercedes-Benz Automobiles	Switch checks if buckled up properly; if not, warning sounds when engine started; control of ABS treshhold	
38	Vacuum Cleaner Board	FUBA Printed Circuits	Bosch-Siemens Hausgeräe	Vacuum cleaners	THD and LED carrier	Integration of centering aids, assembly aids and bearings for cable reel
39	Steering Wheel Switch	Moulded Circuits LTD.	Renault	Renault Laguna	Control display in car wash system	
40	Ball Sensor Element	Moulded Circuits LTD.		Helicopter Defense System	4 hemispheres combined to a sensor	
41	Phone Connector	Moulded Circuits LTD.	British Telecom	Phone Switch Board Centers	THD carrier	Integration of 4 IDC connectors, 2 cable connectors and a circuit board into a single part
42	Laptop PWB	Moulded Circuits LTD.		Laptops		
43	Computer Component	Moulded Circuits LTD.		Computers		
44	Rear Light	Moulded Circuits LTD.		Automobiles		
45	Revolution Control	Bolta-Werke GmbH	BSG, Black & Decker	Handheld drilling machine and single hand right angle grinder	Revolution control with TRIAC	Overall height reduction; part count reduction by three; integration of a flow stop for the sealing resin
46	Temperature Control	Bolta-Werke GmbH	Steinel, Krups	Toasters	Electronic component carrier	
47	Phone Connector	Bolta-Werke GmbH	Ascom	Phone receivers	Plug-in connection	
48	Ribbon Spool	Bolta-Werke GmbH	Reiner	Office machines	Ribbon quality control	
49	Battery Case	Bolta-Werke GmbH	Sennheiser Electronic KG	Head phones	Housing for head phone batteries	
50	Microphone Switch	Bolta-Werke GmbH	Sennheiser Electronic KG	Audio Systems	Microphone switch	
51	Motor Base Plate	Bolta-Werke GmbH	Synektron-Digital	Computers	Motor base plate in hard drive	
52	Lighting Range Control	Bolta-Werke GmbH	BMW	Automobiles	Lighting range control in head lights	Elimination of a PWB
53	Contact Board	Bolta-Werke GmbH	Hommel-Werke	Measuring instruments	Connection between hand held surface measuring device Hommeltester T 500 with base station Printer P 500 for data exchange and to recharge battery	Simplification in usage; elimination of connectors and cable
54	Contact Knee	Bolta-Werke GmbH	Reiner	Office machines	Push contact carrier	

番号	製品	メーカー	ユーザー	適用製品	機能	特徴
55	Switch For Seat Belt	Bolta-Werke GmbH	Mercedes Benz AG	all Mercedes-Benz Automobiles	Switch checks if passenger is buckled up properly; if not, warning sounds when engine started	
56	Conductor Carrier	Bolta-Werke GmbH	Taurus	Home appliances	Complete toaster wiring and control	
57	Slide Control	ALPS Electric Co. Ltd.		Various electronic applications	Potentiometer	
58	Circuit Board	ALPS Electric Co. Ltd.			Carrier of keyboard, lights, connector and solder contact	
59	Mouse	ALPS Electric Co. Ltd.	Apple	Computer peripherals		
60	Spacer	KG Kitagawa Industries Co., Ltd.		Electronic applications	Plated spacer for PWBs	Simple electrical connection
61	Housing	KG Kitagawa Industries Co., Ltd.		Telecommunication	Distributor, amplifier	Cost reduction
62	Cable Wrapping	KG Kitagawa Industries Co., Ltd.		Various electronic applications	Bundling and EMI shielding of cable harness with plated plastic band	
63	Removable Control Panel	Philips Plastics & Metalware		Car stereo systems	Theft protection	Reduction of overall height from 17 mm to 11 mm
64	Protective Circuit	Hitachi Cable Ltd.			Shut down at 1,000 Amps longer than 1 micrseconds	40% cost reduction
65	Connector	Hitachi Cable Ltd.			Solder adapter	Simpler soldering process
66	LED Housing	Hitachi Cable Ltd.		Large screens	Integration of 2 blue, 1 red und 1 green LED for each Pixel (whole color spectrum generateable); combination of many Pixels gives a large screen	
67	Copier Chassis	CIRCUIT-WISE,Inc.	Toshiba	Copiers	Component carrier and shielding	
68	Small Circuit Board	C. Schuppert Kunststofftechnik GmbH			Component carrier	
69	Bicycle Head Light	Universität Erlangen-Nürnberg		Bicycles	Housing and control circuit for bicycle head light	Ecologically friendly; allows simple recycling
70	DIP Socket	Buss GmbH & Co KG		Various DIP components	IC pre-assembly to allow SMD assembly of DIP components	
71	Connector Element	UFE Incorporated	Ericsson-GE Mobile Communications, Inc	FM two way radio	Conducting connection with integrated switches, mechanical component carrier	Allows uncomplicated layout changes
72	LED	OSAKA Vacuum Chemical Co. LTD		Remote controls	Housing	Increased luminosity through reflector (efficiency increased by factor 5)

番号	製品	メーカー	ユーザー	適用製品	機能	特長
73	LED Carrier	MITSUI PATHTEK Corporation	Smith Corona	Electronic type writer Smith Corona XD 8500	Carrier of 4 LEDs and a connector, integration of assembly aids for LEDs and skrews	Integration of assembly aids for LEDs
74	Joystick Base Board	UFE Incorporated		Computer joysticks	Base plate used as potentiometer at the same time (polymer resistance)	Same component for various circuits; cost efficient materials since no solder joints necessary
75	IP Contact	Krone GmbH, Berlin			IDC in different variations	
76	Voice Control Network	AT&T Bell		Telephones		
77	Counter Contact	Schaltbau AG	Siemens AG	Mobile Communication	Counter contact in mobile phone handset to provide connection with station through 1 HF and 16 signal contacts	
78	Shielded Socket	MITSUI PATHTEK Corporation		HF Processors	Shielded connection	
79	LED Carrier	MITSUI PATHTEK Corporation		Gas flow control in automobiles	Electronic component carrier, providing EMI shielding and protection from Methanol	
80	Optoelectric Converter	FUBA Printed Circuits	Siemens AG	Connection between high performance processors and peripherals	Transformation of electrical signals into optical signals	
81	Switch Element	FUBA Printed Circuits	SWF, now ITT Canon	Automobiles	Connection to cable harness and switch	
82	Shielded Plug	CIRCUIT-WISE,Inc.				EMI shielding
83	Add. Element Belt Switch	Lüberg	Mercedes Benz AG	all Mercedes-Benz Automobiles	Electrical connection	
84	Hard Drive Board	CIRCUIT-WISE,Inc.		3.5" Floppy Disc Drive	Double sided circuit board with through-plating	Integrated through-holes for hold within the housing; aiding elements for the assembly of the read/writing head
85	Fluorescent Lamp Board	DuPont Electronics		Fluorescent lamps	Carrier of ignition control (capacitors, resitors)	Integration of assembly aids and recesses for improved heat dissipation; weight reduction by 25%
86	Circuit Board Connector	CIRCUIT-WISE,Inc.		Various electronic applications, e.g. computers	Plug-in connection with PWB	Elimination of several soldering steps
87	Electrical Connector	CIRCUIT-WISE,Inc.			Interconnection of PWBs	
88	DIP Socket	Sankyo Kasei Co. LTD		DIP assembly	IC pre-assembly to allow IC placement with SMT processes	
89	Cinch Connector	CIRCUIT-WISE,Inc.		Consumer electronics, e.g. Audio, Video	Standard electrical connector	
90	Joystick	MITSUI PATHTEK Corporation	Microsoft	Microsoft Sidewinder Joystick	Carrier of microswitch	

《CMC テクニカルライブラリー》発行にあたって

弊社は、1961年創立以来、多くの技術レポートを発行してまいりました。これらの多くは、その時代の最先端情報を企業や研究機関などの法人に提供することを目的としたもので、価格も一般の理工書に比べて遙かに高価なものでした。

一方、ある時代に最先端であった技術も、実用化され、応用展開されるにあたって普及期、成熟期を迎えていきます。ところが、最先端の時代に一流の研究者によって書かれたレポートの内容は、時代を経ても当該技術を学ぶ技術書、理工書としていささかも遜色のないことを、多くの方々が指摘されています。

弊社では過去に発行した技術レポートを個人向けの廉価な普及版《CMC テクニカルライブラリー》として発行することとしました。このシリーズが、21世紀の科学技術の発展にいささかでも貢献できれば幸いです。

2000年12月

株式会社　シーエムシー出版

成形回路部品　　　　(B748)

1997年8月31日　初　版　第1刷発行
2005年5月24日　普及版　第1刷発行

監　修　　中川威雄、湯本哲男、川崎　徹　　Printed in Korea
発行者　　島　健太郎
発行所　　株式会社　シーエムシー出版
　　　　　東京都千代田区内神田1－13－1　豊島屋ビル
　　　　　電話03（3293）2061

［印刷］　株式会社高成 HI-TECH　　© T.Nakagawa , T. Yumoto, T.Kawasaki,2005
定価は表紙に表示してあります。
落丁・乱丁本はお取替えいたします。

ISBN4-88231-855-5　C3054　¥3200 E

☆本書の無断転載・複写複製（コピー）による配布は、著者および出版社の権利の侵害になりますので、小社あて事前に承諾を求めて下さい。

CMCテクニカルライブラリーのご案内

ディジタルハードコピー技術
監修／髙橋恭介／北村孝司
ISBN4-88231-845-8　　　　　　　　B738
A5判・236頁　本体3,600円＋税（〒380円）
初版1999年7月　普及版2004年12月

構成および内容：総論／書き込み光源とその使い方（レーザ書き込み光源 他）／感光体（OPC感光体／ZnO感光体 他）／トナーおよび現像剤（トナー技術の動向／カーボンブラック 他）／トナー転写媒体（転写紙／OHP用フィルム 他）／ブレード，ローラ類（マグネットロール／カラー用ベルト定着装置技術）
執筆者：髙橋恭介／北村孝司／片岡慶二 他18名

電気自動車の開発
監修／佐藤 登
ISBN4-88231-844-X　　　　　　　　B737
A5判・296頁　本体4,400円＋税（〒380円）
初版1999年8月　普及版2004年11月

構成および内容：［自動車と環境］自動車を取り巻く環境と対応技術 他［電気自動車の開発とプロセス技術］電気自動車の開発動向／ハイブリッド電気自動車の研究開発 他［駆動系統のシステムと材料］永久磁石モータと誘導モータ 他［エネルギー貯蔵，発電システムと材料技術］電動車両用エネルギー貯蔵技術とその課題 他
執筆者：佐藤登／後藤時正／堀江英明 他19名

反射型カラー液晶ディスプレイ技術
監修／内田龍男
ISBN4-88231-843-1　　　　　　　　B736
A5判・262頁　本体4,200円＋税（〒380円）
初版1999年3月　普及版2004年11月

構成および内容：反射型カラーLCD開発の現状と展望／反射型カラーLCDの開発技術（GHモード反射型カラーLCD／TNモードTFD駆動方式反射型カラーLCD／TNモードTFT駆動方式反射型カラーLCD 他）／反射型カラーLCDの構成材料（液晶材料／ガラス基板／プラスチック基板／透明導電膜／カラーフィルタ他）
執筆者：内田龍男／溝端英司／飯野聖一 他27名

電波吸収体の技術と応用
監修／橋本 修
ISBN4-88231-842-3　　　　　　　　B735
A5判・215頁　本体3,400円＋税（〒380円）
初版1999年3月　普及版2004年10月

構成および内容：電波障害の種類と電波吸収体の役割（材料・設計編）広帯域電波吸収体／狭帯域電波吸収体／ミリ波電波吸収体〈測定法編〉材料定数の測定法／吸収量の測定法〈新技術・新製品の開発編〉ITO透明電波吸収体／新電波吸収体とその性能／強磁性共鳴系電波吸収体 他〈応用編〉無線化ビル用電波吸収体／電波吸収壁
執筆者：橋本修／石野健／千野勝 他19名

ポリマーバッテリー
監修／小山 昇
ISBN4-88231-838-5　　　　　　　　B731
A5判・232頁　本体3,500円＋税（〒380円）
初版1998年7月　普及版2004年8月

構成および内容：ポリマーバッテリーの開発課題と展望／ポリマー負極材料（炭素材料／ポリアセン系材料）／ポリマー正極材料（導電性高分子／有機硫黄化合物 他）／ポリマー電解質（ポリマー電解質の応用と実用化／PEO系／PAN系ゲル状電解質の機能特性 他）／セパレーター／リチウムイオン二次電池におけるポリマーバインダー／他
執筆者：小山昇／髙見則雄／矢田静邦 他22名

ハイブリッドマイクロエレクトロニクス技術
ISBN4-88231-835-0　　　　　　　　B728
A5判・327頁　本体3,900円＋税（〒380円）
初版1985年9月　普及版2004年7月

構成および内容：［総論編］ハイブリッドマイクロエレクトロニクス技術とその関連材料［基板技術・材料編］新SiCセラミック基板・材料 他［膜形成技術編］厚膜ペースト材料と膜形成技術 他［パターン加工技術編］スクリーン印刷技術 他［後処理プロセス・実装技術編］ガラス，セラミックス封止技術と材料 他［信頼性・評価編］ 他
執筆者：二瓶公志／浦 満／内海和明 他30名

電気化学キャパシタの開発と応用
監修／西野 敦／直井勝彦
ISBN4-88231-830-X　　　　　　　　B723
A5判・170頁　本体2,700円＋税（〒380円）
初版1998年10月　普及版2004年6月

構成および内容：［総論編］序章／電気化学的な電荷貯蔵現象／電気二層キャパシタ（EDLC）の原理 他［技術・材料編］コイン型，円筒型キャパシタの構成と製造方法／水溶液系電気二重層キャパシタ／分極性カーボン材料／電解質材料 他［応用編］電気二重層キャパシタの用途／電気二重層キャパシタの電力応用 他
執筆者：西野敦／直井勝彦／末松俊造 他5名

電磁シールド技術と材料
監修／関 康雄
ISBN4-88231-814-8　　　　　　　　B707
A5判・192頁　本体2,800円＋税（〒380円）
初版1998年9月　普及版2003年12月

構成および内容：EMC規格・規制の最新動向／電磁シールド材料（無電解メッキと材料・イオンプレーティングと材料 他）／電波吸収体（電波吸収理論・電波吸収体の評価法・軟磁性金属を使用した吸収体 他）／電磁シールド対策の実際（銅ペーストを用いたEMI対策プリント配線板・コンピュータ機器の実施例）／他
執筆者：渋谷昇／平戸昌利／徳田正満 他15名

※書籍をご購入の際は、最寄りの書店にご注文いただくか、㈱シーエムシー出版のホームページ（http://www.cmcbooks.co.jp/）にてお申し込み下さい。

CMCテクニカルライブラリーのご案内

半導体セラミックスの応用技術
監修／塩﨑 忠
ISBN4-88231-800-8　　　　　B693
A5判・223頁　本体2,800円＋税（〒380円）
初版1985年2月　普及版2003年6月

構成および内容：[材料編]酸化物電子伝導体／イオン伝導体／アモルファス半導体／[応用編]NTCサーミスタ／PTCサーミスタ／CTRサーミスタ／$SrTiO_3$系半導体セラミックスコンデンサ／チタン酸バリウム系半導体コンデンサ／CTBNによるエポキシ樹脂の低応力化と低収縮化／バリスタ／ガスセンサ／固体電解質応用センサ／セラミック湿度センサ／光起電力素子 他
執筆者：塩﨑忠／宮内克己／仁田昌二 他15名

エレクトロニクスパッケージ技術
編著／英 一太
ISBN4-88231-796-6　　　　　B689
A5判・242頁　本体3,600円＋税（〒380円）
初版1998年5月　普及版2003年4月

構成および内容：まだ続くICの高密度化・大型化・多ピン化／ICパッケージング技術の変遷／半導体封止技術（エポキシ樹脂の硬化触媒・低応力化のためのエポキシ樹脂の可撓性付与技術／CTBNによるエポキシ樹脂の低応力化と低収縮化／ポップコーン現象／層間剥離 他）／プリント配線用材料／マルチチップモジュール／次世代の実装技術と実装材料／次世代のソルダーマスク材料

非接触ICカードの技術と応用
監修／宮村雅隆・中崎泰貴
ISBN4-88231-788-5　　　　　B681
A5判・257頁　本体3,600円＋税（〒380円）
初版1998年3月　普及版2003年2月

構成および内容：[総論編]非接触ICカード事業の展開／RFIDのLSIと通信システム／[応用編]テレホンカード／CLカードによるキャッシュレス／保健・医療／乗車券システム／ゲートレス運賃収受システム／高速道路のゲート・RFIDセキュリティシステム 他[材料・技術編]カード用フィルム・シート材料／アンテナコイル 他
執筆者：石上圭太郎／西下一久／中崎泰貴 他28名

フォトポリマーの基礎と応用
監修／山岡亜夫
ISBN4-88231-787-7　　　　　B680
A5判・336頁　本体4,300円＋税（〒380円）
初版1997年1月　普及版2003年3月

構成および内容：フォトポリマーの基礎／光機能材料を支えるフォトケミストリー[レジスト材料の最新応用技術]金属エッチング／フォトファブリケーション用リソグラフィ／製版材／レーザー露光用 他[ディスプレイとフォトポリマー]カラーフィルター／LCD／表面光反応と表面機能化／電着レジスト／ヒートモード記録の発展 他
執筆者：山岡亜夫／唐津孝／青合利明 他15名

人工格子の基礎
監修／権田俊一
ISBN4-88231-786-9　　　　　B679
A5判・204頁　本体3,000円＋税（〒380円）
初版1985年3月　普及版2003年2月

構成および内容：総論（電気的性質・光学的性質・磁気的性質）／半導体人工格子（設計と物性・作製技術・応用）／アモルファス半導体人工格子（デバイス応用）／磁性人工格子／金属人工格子／有機人工格子／その他（グラファイト・インターカレーション、その他のインターカレーション化合物）
執筆者：権田俊一／八百隆文／佐野直克 他10名

光機能と高分子材料
監修／市村國宏
ISBN4-88231-785-0　　　　　B678
A5判・273頁　本体3,800円＋税（〒380円）
初版1996年5月　普及版2003年1月

構成および内容：[基礎編]新たな光技術材料／光機能素材／[応用編]メソフェーズと光機能／光化学反応と光機能（超微細加工用レジスト・可視光重合開始剤・光硬化性オリゴマー 他）光の波動性と光機能／偏光特性高分子フィルム・非線形光学高分子とフォトポリマー・高分子光学材料／新しい光源と光機能化（エキシマレーザー 他）
執筆者：市村國宏／堀江一之／森野慎也 他20名

圧電材料とその応用
監修／塩﨑 忠
ISBN4-88231-777-X　　　　　B670
A5判・293頁　本体4,000円＋税（〒380円）
初版1987年12月　普及版2002年11月

構成および内容：圧電材料の製造法／圧電セラミックス／高分子・複合圧電材料／セラミック圧電材料・電歪材料／弾性表面波フィルタ／水晶振動子／狭帯域二重モードSAWフィルタ／圧力・加速度センサ・超音波センサ／超音波診断装置／音響顕微鏡／走査型トンネル顕微鏡／赤外撮像デバイス／圧電アクチュエータ
執筆者：塩﨑忠／佐藤弘明／川島宏文 他14名

多層薄膜と材料開発
編集／山本良一
ISBN4-88231-774-5　　　　　B667
A5判・238頁　本体3,200円＋税（〒380円）
初版1986年7月　普及版2002年10月

構成および内容：積層化によって実現される材料機能／層状物質…自然界にある積層構造（インタカレーション効果・各種セパレータ）／金属多層膜（非晶質人工格子・多層構造の配線材料）／セラミック多層膜／半導体超格子-多層膜（バンド構造の制御・超周期効果）／有機多層膜（電子機能・光機能性材料・化学機能材料）他
執筆者：山本良一／吉川明静／山本寛 他13名

※ 書籍をご購入の際は、最寄りの書店にご注文いただくか、㈱シーエムシー出版のホームページ(http://www.cmcbooks.co.jp/)にてお申し込み下さい。

CMCテクニカルライブラリーのご案内

二次電池の開発と材料
ISBN4-88231-754-0　　　　　　B647
A5判・257頁　本体 3,400 円＋税（〒380円）
初版 1994年3月　普及版 2002年3月

構成および内容：電池反応の基本／高性能二次電池設計のポイント／ニッケル-水素電池／リチウム系二次電池／ニカド蓄電池／鉛蓄電池／ナトリウム-硫黄電池／亜鉛-臭素電池／有機電解液系電気二重層コンデンサ／太陽電池システム／二次電池回収システムとリサイクルの現状　他
◆**執筆者**：髙村勉／神田基／山木凖一　他16名

強誘電性液晶ディスプレイと材料
監修／福田敦夫
ISBN4-88231-741-9　　　　　　B634
A5判・350頁　本体 3,500 円＋税（〒380円）
初版 1992年4月　普及版 2001年9月

構成および内容：次世代液晶とディスプレイ／高精細・大画面ディスプレイ／テクスチャーチェンジパネルの開発／反強誘電性液晶のディスプレイへの応用／次世代液晶化合物の開発／強誘電性液晶材料／ジキラル型強誘電性液晶化合物／スパッタ法による低抵抗ITO透明導電膜　他
◆**執筆者**：李継／神辺純一郎／鈴木康　他36名

イオンビーム技術の開発
編集／イオンビーム応用技術編集委員会
ISBN4-88231-730-3　　　　　　B623
A5判・437頁　本体 4,700 円＋税（〒380円）
初版 1989年4月　普及版 2001年6月

構成および内容：イオンビームと固体との相互作用／発生と輸送／装置／イオン注入による表面改質技術／イオンミキシングによる表面改質技術／薄膜形成表面被覆技術／表面除去加工技術／分析評価技術／各国の研究状況／日本の公立研究機関での研究状況　他
◆**執筆者**：藤本文範／石川順三／上條栄治　他27名

半導体封止技術と材料
著者／英一太
ISBN4-88231-724-9　　　　　　B617
A5判・232頁　本体 3,400 円＋税（〒380円）
初版 1987年4月　普及版 2001年7月

構成および内容：〈封止技術の動向〉ICパッケージ／ポストモールドとプレモールド方式／表面実装〈材料〉エポキシ樹脂の変性／硬化／低応力化／高信頼性VLSIセラミックパッケージ〈プラスチックチップキャリヤ〉構造／加工／リード／信頼性試験〈GaAs〉高速論理素子／GaAsダイ／MCV〈接合技術と材料〉TAB技術／ダイアタッチ　他

プリント配線板の製造技術
著者／英一太
ISBN4-88231-717-6　　　　　　B610
A5判・315頁　本体 4,000 円＋税（〒380円）
初版 1987年12月　普及版 2001年4月

構成および内容：〈プリント配線板の原材料〉〈プリント配線基板の製造技術〉硬質プリント配線板／フレキシブルプリント配線板〈プリント回路加工技術〉フォトレジストとフォト印刷／スクリーン印刷〈多層プリント配線板〉構造／製造法／多層成型〈廃水処理と災害環境管理〉高濃度有害物質の廃棄処理　他

レーザ加工技術
監修／川澄博通
ISBN4-88231-712-5　　　　　　B605
A5判・249頁　本体 3,800 円＋税（〒380円）
初版 1989年5月　普及版 2001年2月

構成および内容：〈総論〉レーザ加工技術の基礎事項〈加工用レーザ発振器〉CO2レーザ〈高エネルギービーム加工〉レーザによる材料の表面改質技術〈レーザ化学加工・生物加工〉レーザ光化学反応による有機合成〈レーザ加工周辺技術〉〈レーザ加工の将来〉他
◆**執筆者**：川澄博通／永井治彦／末永直行　他13名

カラーPDP技術
ISBN4-88231-708-7　　　　　　B601
A5判・208頁　本体 3,200 円＋税（〒380円）
初版 1996年7月　普及版 2001年1月

構成および内容：〈総論〉電子ディスプレイの現状〈パネル〉AC型カラーPDP／パルスメモリー方式DC型カラーPDP〈部品加工・装置〉パネル製造技術とスクリーン印刷／フォトプロセス／露光装置／PDP用ローラーハース式連続焼成炉〈材料〉ガラス基板／蛍光体／透明電極材料　他
◆**執筆者**：小島健博／村上宏／大塚晃／山本敏裕　他14名

電磁波材料技術とその応用
監修／大森豊明
ISBN4-88231-100-3　　　　　　B597
A5判・290頁　本体 3,400 円＋税（〒380円）
初版 1992年5月　普及版 2000年12月

構成および内容：〈無機系電磁波材料〉マイクロ波誘電体セラミックス／光ファイバ〈有機系電磁波材料〉ゴム／アクリルナイロン繊維〈様々な分野への応用〉医療／食品／コンクリート構造物診断／半導体製造／施設園芸／電磁波接着・シーリング材／電磁波防護服　他
◆**執筆者**：白崎信一／山田朗／月岡正至　他24名

※書籍をご購入の際は、最寄りの書店にご注文いただくか、㈱シーエムシー出版のホームページ(http://www.cmcbooks.co.jp/)にてお申し込み下さい。

CMCテクニカルライブラリーのご案内

機能性不織布の開発
ISBN4-88231-839-3　　　　　B732
A5判・247頁　本体3,600円+税（〒380円）
初版1997年7月　普及版2004年9月

構成および内容：[総論編] 不織布のアイデンティティ 他 [濾過機能編] エアフィルタ／自動車用エアクリーナ／防じんマスク 他 [吸水・保水・吸油機能編] 土木用不織布／高機能ワイパー／油吸着材 他 [透湿機能編] 人工皮革／手術用ガウン・ドレープ 他 [保持機能編] 電気絶縁テープ／衣服芯地／自動車内装材用不織布について 他

執筆者：岩熊繁三／西川文子良／高橋和宏 他23名

高分子制振材料と応用製品
監修／西澤 仁
ISBN4-88231-823-7　　　　　B716
A5判・286頁　本体4,300円+税（〒380円）
初版1997年9月　普及版2004年4月

構成および内容：振動と騒音の規制について／振動制振技術に関する最新の動向／代表的制振材料の特性 [素材編] ゴム・エストラマー／ポリノルボルネン系制振材料／振動・衝撃吸収材の開発 [材料編] 制振塗料の特徴 他／各産業分野における制振材料の応用（家電・OA製品／自動車／建築 他）／薄板のダンピング試験

執筆者：大野進一／長松昭男／西澤仁 他26名

複合材料とフィラー
編集／フィラー研究会
ISBN4-88231-822-9　　　　　B715
A5判・279頁　本体4,200円+税（〒380円）
初版1994年1月　普及版2004年4月

構成および内容：[総括編] フィラーと先端複合材料 [基礎編] フィラー概論／フィラーの界面制御／フィラーの形状制御／フィラーの補強理論 他 [技術編] 複合加工技術／反応射出成形技術／表面処理技術 他 [応用編] 高強度複合材料／導電、EMC材料／記録材料 他 [リサイクル編] プラスチック材料のリサイクル動向 他

執筆者：中尾一宗／森田幹郎／相馬勲 他21名

環境保全と膜分離技術
編著／桑原和夫
ISBN4-88231-821-0　　　　　B714
A5判・204頁　本体3,100円+税（〒380円）
初版1999年11月　普及版2004年3月

構成および内容：環境保全及び省エネ・省資源に対する社会的要請／環境保全及び省エネ・省資源に関する法規制の現状と今後の動向／水関連の膜利用技術の現状と今後の動向（水関連の膜処理技術の全体概要 他）／気体分離関連の膜処理技術の現状と今後の動向（気体分離関連の膜処理技術の概要）／各種機関の活動及び研究開発動向／各社の製品及び開発動向／特許からみた各社の開発動向

高分子微粒子の技術と応用
監修／尾見信三／佐藤壽彌／川瀬 進
ISBN4-88231-827-X　　　　　B720
A5判・336頁　本体4,700円+税（〒380円）
初版1997年8月　普及版2004年2月

構成および内容：序論 [高分子微粒子合成技術] 懸濁重合法／乳化重合法／非水系重合粒子／均一径微粒子の作成／スプレードライ法／複合エマルジョン／微粒子凝集法／マイクロカプセル化／高分子粒子の粉砕 他 [高分子微粒子の応用] 塗料／コーティング材／エマルション粘着剤／土木・建築／診断薬担体／医療と微粒子／化粧品 他

執筆者：川瀬 進／上山雅文／田中眞人 他33名

ファインセラミックスの製造技術
監修／山本博孝／尾崎義治
ISBN4-88231-826-1　　　　　B719
A5判・285頁　本体3,400円+税（〒380円）
初版1985年4月　普及版2004年2月

構成および内容：[基礎論] セラミックスのファイン化技術（ファイン化セラミックスの応用 他） [各論A（材料技術）] 超微粒子技術／多孔体技術／単結晶技術 [各論B（マイクロ材料技術）] 気相薄膜技術／ハイブリット技術／粒界制御技術 [各論C（製造技術）] 超急冷技術／接合技術／HP・HIP技術 他

執筆者：山本博孝／尾崎義治／松村雄介 他32名

建設分野の繊維強化複合材料
監修／中辻照幸
ISBN4-88231-818-0　　　　　B711
A5判・164頁　本体2,400円+税（〒380円）
初版1998年8月　普及版2004年1月

構成および内容：建設分野での繊維強化複合材料の開発の経緯／複合材料に用いられる材料と一般的な成形方法／コンクリート補強用連続繊維筋／既存コンクリート構造物の補修・補強用繊維強化複合材料／鉄骨代替用繊維強化複合材料／繊維強化コンクリート／繊維強化複合材料の将来展望 他

執筆者：中辻照幸／竹田敏和／角田教 他9名

医療用高分子材料の展開
監修／中林宣男
ISBN4-88231-813-X　　　　　B706
A5判・268頁　本体4,000円+税（〒380円）
初版1998年3月　普及版2003年12月

構成および内容：医療用高分子材料の現状と展望（高分子材料の臨床検査への応用 他）／ディスポーザブル製品の開発と応用／医療膜用高分子材料／ドラッグデリバリー用高分子の新展開／生分解性高分子の医療への応用／組織工学を用いたハイブリット人工臓器／生体・医療用接着剤の開発／医療用高分子の安全性評価 他

執筆者：中林宣男／岩崎泰彦／保坂俊太郎 他25名

※書籍をご購入の際は、最寄りの書店にご注文いただくか、㈱シーエムシー出版のホームページ（http://www.cmcbooks.co.jp）にてお申し込み下さい。

ＣＭＣテクニカルライブラリーのご案内

ハイブリッド回路用厚膜材料の開発
著者／英 一太
ISBN4-88231-069-4　　　　　　　　B566
A5判・274頁　本体3,400円＋税（〒380円）
初版1988年5月　普及版2000年5月

◆構成および内容：〈サーメット系厚膜回路用材料〉〈厚膜回路におけるエレクトロマイグレーション〉〈厚膜ペーストのスクリーン印刷技術〉〈ハイブリッドマイクロ回路の設計と信頼性〉〈ポリマー厚膜材料のプリント回路への応用〉〈導電性接着剤、塗料への応用〉ダイアタッチ用接着剤／導電性エポキシ樹脂接着剤によるSMT他

導電性樹脂の実際技術
監修／赤松 清
ISBN4-88231-065-1　　　　　　　　B562
A5判・206頁　本体2,400円＋税（〒380円）
初版1988年3月　普及版2000年4月

◆構成および内容：染色加工技術による導電性の付与／透明導電膜／導電性プラスチック／導電性塗料／導電性ゴム／面発熱体／低比重高導電プラスチック／繊維の帯電防止／エレクトロニクスにおける遮蔽技術／プラスチックハウジングの電磁遮蔽／微生物と導電性／他
◆執筆者：奥田昌宏／南忠男／三谷雄二／斉藤信夫他8名

最新二次電池材料の技術
監修／小久見 善八
ISBN4-88231-041-4　　　　　　　　B539
A5版・248頁　本体3,600円＋税（〒380円）
初版1997年3月　普及版1999年9月

◆構成および内容：〈リチウム二次電池〉正極・負極材料／セパレーター材料／電解質／〈ニッケル・金属水素化物電池〉正極と電解液／〈電気二重層キャパシタ〉EDLCの基本構成と動作原理〈二次電池の安全性〉他
◆執筆者：菅野了次／脇原將孝／逢坂哲彌／稲葉稔／豊口吉徳／丹治博司／森田昌行／井土秀一他12名

※書籍をご購入の際は、最寄りの書店にご注文いただくか、㈱シーエムシー出版のホームページ（http://www.cmcbooks.co.jp/）にてお申し込み下さい。